Sitzungsberichte
der
Heidelberger Akademie der Wissenschaften
Stiftung Heinrich Lanz

Mathematisch-naturwissenschaftliche Klasse

* *Im Verlag von Carl Winters Universitätsbuchhandlung in Heidelberg erschienen:*

Abteilung A. Mathematisch-physikalische Wissenschaften.

Jahrgang 1921.

1. Franzen, H. Über die chem. Bestandteile grüner Pflanzen. **12.** Mitteilung: Über die flüchtigen Bestandteile der Eichenblätter.
2. Königsberger, L. Über partielle Differentialgleichungen erster Ordnung.
3. Heffter, L., und W. Stollenwerk. Über Scharen gleichberechtigter Koordinatensysteme. Mit 3 Textabbildungen.
4. Perron, Oskar. Über die Approximation irrationaler Zahlen durch rationale. I.
5. Liebmann, Heinrich. Der geometrische Aufbau der Bäcklundschen Transformation.
6. Eisenhut, O. Über Kathodenstrahlintensitätsmessung durch feste Kondensatoren.
7. Königsberger, Leo. Über vollständige Integrale partieller Differentialgleichungen erster Ordnung.
8. Perron, Oskar. Über die Approximation irrationaler Zahlen durch rationale. II.
9. Liebmann, Heinrich. Flächen mit einer vorgeschriebenen Schar geodätischer Parallelkurven.
10. Baldus, Richard. Über die Flächen, welche die Strahlen eines Bündels unter festem Winkel schneiden.
11. Königsberger, Leo. Die Erweiterung des Helmholtzschen Princips von der verborgenen Bewegung und den unvollständigen Problemen auf kinetische Potentiale beliebiger Ordnung.

Abteilung B. Biologische Wissenschaften.

Jahrgang 1921.

1. Kossel, A. Über die Beziehungen der Biochemie zu den morphologischen Wissenschaften.
2. Hellpach, Willy. Das fränkische Gesicht. Untersuchungen zur Physiognomik der deutschen Volksstämme. I. Folge.

PREISE WERDEN AUF ANFRAGE MITGETEILT

* Bestellungen auf solche Veröffentlichungen der math.-naturw. Klasse, welche früher im Verlag von Carl Winters Universitätsbuchhandlung in Heidelberg erschienen sind nimmt auch der Verlag Walter de Gruyter & Co., Berlin, entgegen.

Sitzungsberichte
der Heidelberger Akademie der Wissenschaften
Stiftung Heinrich Lanz

Mathematisch-naturwissenschaftliche Klasse

Jahrgang 1926. 1. Abhandlung.

Theorie und Anwendung der verallgemeinerten Abelschen Gruppen

Von

Wolfgang Krull
in Freiburg i. Br.

Eingegangen am 5. Februar 1926

Vorgelegt von Herrn Alfred Loewy in Freiburg i. Br.
in der Sitzung vom 13. Februar 1926

Berlin und Leipzig 1926

Walter de Gruyter & Co.

vormals G. J. Göschen'sche Verlagshandlung / J. Guttentag, Verlagsbuchhandlung / Georg Reimer / Karl J. Trübner / Veit & Comp.

Theorie und Anwendung der verallgemeinerten Abelschen Gruppen.

Die Bezeichnung „verallgemeinerte ABELsche Gruppe" habe ich in der Abhandlung: „Über verallgemeinerte endliche ABELsche Gruppen"[1]) eingeführt. Man könnte auch von „Moduln mit allgemeinstem nichtkommutativem Operatorenbereich" reden, doch scheint mir für die in Betracht kommenden Untersuchungen die Verwendung der gruppentheoretischen Ausdrucksweise zweckmäßig. In *Zt.* wurde ein Zerlegungssatz bewiesen, der das Analogon zum REMAKschen Satz über die Zerlegung einer gewöhnlichen endlichen (kommutativen oder nichtkommutativen) Gruppe in direkte unzerlegbare Faktoren darstellt, im folgenden handelt es sich vor allem um das Studium der Kompositionsreihen. Zunächst wird der Begriff der JORDANschen Kompositionsreihe auf unsern Fall übertragen, es wird der zugehörige Isomorphiesatz bewiesen, und es wird gezeigt, daß die verallgemeinerten endlichen ABELschen Gruppen, mit denen wir uns hauptsächlich beschäftigen, durch die Existenz einer endlichgliedrigen JORDANschen Kompositionsreihe charakterisiert sind.

Zu weiteren Ergebnissen gelangt man durch gruppentheoretische Fassung derjenigen Begriffe, die den Untersuchungen von Herrn LOEWY in den Abhandlungen: Über Matrizen- und Differentialkomplexe I—III[2]) zugrunde liegen. Ich habe daher die in diesem Zusammenhang auftretenden Kompositionsreihen als die „vordere" und „hintere LOEWYsche Kompositionsreihe" bezeichnet. Die LOEWYschen Kompositionsreihen lassen sich benützen zum Beweis zweier dualistisch gegenüberstehender Zerlegungssätze, deren einer eine Ergänzung eines von E. NOETHER herrührenden Modul- oder Gruppensatzes für den Sonderfall der verallgemeinerten endlichen ABELschen Gruppen darstellt.

Soweit die abstrakten Untersuchungen; der zweite Teil bringt Anwendungen, und zwar auf die Idealtheorie, auf die hyper-

[1]) Math. Zeitschrift Bd. 23 (1925) p. 161—186; in Zukunft mit *Zt.* zitiert.

[2]) Math. Annal. 78 (1917) p. 1—51 u. p. 343—368; in Zukunft mit *L. I—III* zitiert.

k o m p l e x e n S y s t e m e und auf die Lehre von den E l e m e n t a r - t e i l e r n.

Die Bedeutung der verallgemeinerten endlichen ABELschen Gruppen für die Idealtheorie wird am Beispiele desjenigen Ringes klargemacht, den ich in den Arbeiten „Algebraische Theorie der Ringe I und II[1]) ausführlich behandelt habe. Die dort eingeführten HILBERTschen Invarianten werden mit Hilfe der LOEWYschen Kompositionsreihen gruppentheoretisch gedeutet, und es wird ihnen eine zweite Invariantenserie gegenübergestellt, auf die mich schon früher von anderem Gesichtspunkt aus E. NOETHER aufmerksam gemacht hatte.

Nur kurz gestreift wird der Zusammenhang mit den hyperkomplexen Systemen. Jedes derartige System läßt sich als Multiplikatorenbereich einer „hyperkomplexen Gruppe von endlichem Rang" auffassen, und die Ermittlung sämtlicher Darstellungen eines gegebenen Systems durch Matrizen ist äquivalent mit der Bestimmung sämtlicher hyperkomplexen Gruppen von endlichem Rang, deren Multiplikatorenbereich durch das System dargestellt wird. Der Zusammenhang zwischen hyperkomplexen Gruppen und Matrizen gestattet, aus den Sätzen über die LOEWYschen Kompositionsreihen die Ergebnisse von *L I, II, III* ohne begriffliche Schwierigkeiten, rein durch Übersetzung in eine andere Ausdrucksweise abzuleiten.[2]) Die einfachsten hyperkomplexen Gruppen von endlichem Rang sind die „Elementarteilergruppen", die sich eindeutig umkehrbar den Klassen ähnlicher Einzelmatrizen zuordnen lassen. Die Elementarteilergruppen[3]) sind aufs engste mit den gewöhnlichen endlichen ABELschen Gruppen verwandt und gestatten eine ganz analoge Behandlung; während eine gewöhnliche endliche ABELsche Gruppe durch Angabe ihrer numerischen Invarianten vollkommen charakterisiert ist, spielen bei den Elementarteilergruppen gewisse Polynominvarianten genau dieselbe Rolle, und diese sind nichts anderes als die Elementarteiler der zugehörigen Matrizenklasse. Damit ist die Begründung der Elementarteilertheorie bereits erledigt; darüber hinaus kann man durch Hereinziehung der Elementarteilergruppen gewisse hierher gehörige Sätze,

---

[1]) Math. Annal. 89 (1922) p. 80—122 bzw. Math. Annal. 91 (1923) p. 1—46. In Zukunft mit *A I* und *A II* zitiert.

[2]) Vgl. indes den Schluß von § 6.

[3]) Der Begriff der Elementarteilergruppe findet sich eigentlich (worauf ich erst nach Fertigstellung des Manuskripts aufmerksam wurde) in geometrischer Einkleidung schon in der Begründung der Elementarteilertheorie, die Herr WEYL in seinem Buche: Mathematische Analyse des Raumproblems (Berlin bei Springer 1923) auf p. 89—100 gibt. Doch wird dort nirgends auf den Zusammenhang mit den endlichen ABELschen Gruppen hingewiesen, und auch im übrigen weicht der Beweisgang wesentlich von dem hier eingehaltenen ab.

die sonst ziemlich umständliche Rechnungen erfordern, rein begrifflich beweisen. Einige diesbezügliche Beispiele sind in den letzten beiden Paragraphen gegeben.

§ 1.

Grundbegriffe.

Den Untersuchungen liegt ein „Operatorenbereich" $\mathfrak{B}$ und ein „Elementebereich" O zugrunde. Operatoren werden mit großen griechischen, Elemente mit kleinen griechischen Buchstaben bezeichnet. Es gelten folgende Rechenregeln:

1. Die Elemente von O können durch eine assoziative und kommutative, als „Addition" bezeichnete Operation verknüpft werden. Der Bereich O bildet hinsichtlich der Addition eine Gruppe, enthält also insbesondere das „Nullelement" 0 und zu jedem α das „inverse Element" $-\alpha$.

2. Aus einem bel. Element α kann durch „Multiplikation" mit einem bel. Operator Θ ein eindeutig bestimmtes Element β abgeleitet werden, für das wir die Schreibweise $\beta = \Theta \cdot \alpha$ benutzen. Die Multiplikation genügt dem distributiven Gesetz, d. h. es ist stets $\Theta \cdot (\alpha + \beta) = \Theta \cdot \alpha + \Theta \cdot \beta$.

Ein Teilsystem A von O heißt verallgemeinerte Abelsche Gruppe (in Zukunft kurz v. A. G.)[1], wenn es 1. hinsichtlich der Addition eine kommutative Gruppe bildet und 2. gleichzeitig mit α stets das Element $\Theta \cdot \alpha$ für bel. Θ enthält.

Kommen die Elemente der Gruppe B sämtlich in der Gruppe A vor, so nennt man A Obergruppe von B, B Untergruppe von A, und zwar spricht man von einer echten Ober- bzw. Untergruppe, wenn A und B verschieden sind. Nach unsrer Definition stellt sowohl O als auch das aus dem einzigen Nullelement bestehende System N eine v. A. G. dar, und zwar ist O gemeinsame Obergruppe, N gemeinsame Untergruppe sämtlicher v. A. G.

Eine Gruppe, die außer N keine echte Untergruppe besitzt, heißt irreduzibel.

Als Durchschnitt bzw. Summe der Gruppen $A_1, A_2, \ldots A_n$, bezeichnet man die größte gemeinschaftliche Untergruppe bzw. die kleinste gemeinschaftliche Obergruppe von $A_1, A_2, \ldots A_n$, d. h. die Gesamtheit aller gleichzeitig in sämtlichen A_i auftretender Elemente bzw. die Gesamtheit aller der Elemente, die sich in der Form $\sum_{i=1}^{n} \alpha_i$

[1]) In der vorliegenden Arbeit gebrauchen wir statt v. A. G. auch einfach das Wort „Gruppe". Gruppen im üblichen Sinne (kommutative und nichtkommutative) heißen „gewöhnliche" Gruppen (g. G.).

darstellen lassen, wenn a_i ein bel. Element aus A_i bedeutet. Für Durchschnitt bzw. Summe verwenden wir die Schreibweise $[A_1, A_2, \dots A_n]$ bzw. $(A_1, A_2, \dots A_n)$. Ist $[A_1, A_2] = N$, so werden A_1 und A_2 elementefremd genannt. Die Summe der Gruppen A_i heißt direkte Summe und man schreibt $((A_1, A_2, \dots A_n))$, wenn jede der Gruppen A_i zur Summe der $n-1$ übrigen elementefremd ist.

Ist $A = ((A_1, A_2, \dots A_n))$, so gilt für jedes Element a aus A eine eindeutig bestimmte Darstellung $a = \sum_{i=1}^{n} a_i$, wobei a_i ein Element aus A_i bedeutet. a_i wird als A_i-Komponente von a bezeichnet; die Gesamtheit der A_i-Komponenten einer Untergruppe B von A bildet eine Untergruppe B_i von A_i, die A_i-Komponente von B.

Ist A eine bel. Gruppe, so kann man mit Hilfe von A für die Operatoren Gleichheit, Addition und Multiplikation folgendermaßen definieren:

Zwei Operatoren Θ_1 und Θ_2 sollen gleich heißen, wenn für bel. a aus A stets $\Theta_1 \cdot a = \Theta_2 \cdot a$ ist. Unter der Differenz bzw. dem Produkt der Operatoren Θ_1 und Θ_2 versteht man den (eventuell neu einzuführenden) Operator, der der Gleichung $(\Theta_1 - \Theta_2) \cdot a + \Theta_2 \cdot a = \Theta_1 \cdot a$ bzw. $(\Theta_1 \cdot \Theta_2) \cdot a = \Theta_1 \cdot (\Theta_2 \cdot a)$ für bel. a aus A genügt. Bei diesen Definitionen wird die Addition assoziativ und kommutativ, die Multiplikation assoziativ [1]) und distributiv, wenn auch i. a. nicht kommutativ. Ferner bildet der in der angegebenen Weise ergänzte Operatorenbereich $\mathfrak{B}^*_A$ [2]) hinsichtlich der Addition eine kommutative Gruppe.

$\mathfrak{B}^*_A$ stellt in der üblichen Ausdrucksweise einen (i. a. nichtkommutativen) Ring dar, der ersichtlich durch A und den ursprünglichen Operatorenbereich $\mathfrak{B}$ eindeutig bestimmt ist.

Zwei nichtkommutative Ringe $\mathfrak{A}$ und $\mathfrak{B}$ bzw. zwei v. A. G. A und B heißen holoedrisch isomorph, oder kurz isomorph, wenn zwischen ihren Elementen eine eineindeutige hinsichtlich der Addition und Multiplikation bzw. hinsichtlich der Addition und Multiplikation mit Operatoren im üblichen Sinne isomorphe Zuordnung möglich ist. Ist die Zuordnung derart, daß zwar jedem Element aus $\mathfrak{A}$ bzw. A eindeutig ein Element aus $\mathfrak{B}$ bzw. B, aber jedem Element aus $\mathfrak{B}$ bzw.

---

[1]) Die Gültigkeit des assoziativen Gesetzes der Multiplikation beruht auf dem Umstand, daß man jeden Operator als Abbildung von O auf einen Teilbereich auffassen kann, und daß die Multiplikation der Operatoren der Komposition dieser Abbildungen (im üblichen Sinne) entspricht.

[2]) Unter $\mathfrak{B}^*$ wird in Zukunft stets ein in der angegebenen Weise zum Ring ergänzter Operatorenbereich verstanden.

B eine Klasse von Elementen aus $\mathfrak{A}$ bzw. A entspricht, so heißt $\mathfrak{B}$ zu $\mathfrak{A}$ bzw. B zu A meroedrisch isomorph.

Zu isomorphen Gruppen A und B gehören isomorphe Operatorenbereiche $\mathfrak{B}^*_A$ und $\mathfrak{B}^*_B$; einer Untergruppe B von A ist ein zu $\mathfrak{B}^*_A$ meroedrisch isomorpher Operatorenbereich $\mathfrak{B}^*_{\mathfrak{B}}$ zugeordnet. Stellt B eine Untergruppe von $A = ((A_1, A_2, \ldots A_n))$ dar, und bedeutet B_i die oben eingeführte A_i-Komponente von B, so ist B_i zu B meroedrisch isomorph, wie man unmittelbar erkennt, wenn man jedem Element aus B seine A_i-Komponente zuordnet.

Es sei B eine Untergruppe von A; dann heißen zwei Elemente α und β aus A „modulo B kongruent" und man schreibt $\alpha \equiv \beta(B)$, wenn $\alpha - \beta$ in B enthalten ist.[1]) Der Kongruenzbegriff ist symmetrisch, reflexiv, transitiv, und es ist $\alpha_1 + \alpha_2 \equiv \beta_1 + \beta_2(B)$ bzw. $\Theta \cdot \alpha \equiv \Theta\beta(B)$, wenn $\alpha_1 \equiv \beta_1(B)$, $\alpha_2 \equiv \beta_2(B)$ bzw. $\alpha \equiv \beta(B)$. Auf Grund dieser Tatsachen kann man die Klassen modulo B kongruenter Elemente als neue Elemente einführen, und für sie Addition und Multiplikation in der bei jeder Restklassenbildung üblichen Weise definieren. Man erhält so in der Gesamtheit aller Restklassen einen Bereich, der die oben angegebenen charakteristischen Eigenschaften einer v. A. G. besitzt, und als „Restklassengruppe von A nach B" oder symbolisch mit $A|B$ bezeichnet wird. Häufig sprechen wir ohne Hervorhebung von B von einer „Restklassengruppe" schlechtweg, und zwar von einer „echten Restklassengruppe", wenn betont werden soll, daß B von N verschieden.[2])

So $A_1|B_1$ und $A_2|B_2$ Restklassengruppen, zwischen deren Klassen eine solche eineindeutige Zuordnung möglich ist, daß die Elemente aus O, die in einer Klasse von $A_2|B_2$ auftreten, sämtlich auch in der entsprechenden Klasse von $A_1|B_1$ vorkommen, so sind $A_1|B_1$ und $A_2|B_2$ isomorph, und es ist zweckmäßig, geradezu $A_1|B_1 = A_2|B_2$ zu setzen. Allgemeiner sollen $A_2|B_2$ und $A_3|B_3$ als gleich angesehen werden, wenn eine Restklassengruppe $A_1|B_1$ existiert, für die nach der eben getroffenen Vereinbarung $A_1|B_1 = A_2|B_2$; $A_1|B_1 = A_3|B_3$ wird.

Es ergibt sich dann insbesondere die wichtige Beziehung $(A, B)|B = A|[A, B]$, mit deren Hilfe wir für bel. Gruppen A und B die Restklassengruppe $A|B$ durch $A|B = (A, B)|B = A|[A, B]$ definieren.

Ist die Gruppe B zu A meroedrisch isomorph, so entspricht dem Nullelement von B eine Untergruppe C von A, und es besteht holoedrischer Isomorphismus zwischen B und $A|C$.

---

[1]) $\alpha \equiv 0(B)$ bedeutet also insbesondere, daß α in B enthalten ist.

[2]) Ist A_1 Obergruppe von A_2, A_0 Obergruppe vou A_1, so nennen wir $A_0|A_1$ Restklassengruppe von $A_0|A_2$, denn es ist ja: $A_0|A_1 = (A_0|A_2)|(A_1|A_2)$.

Bedeutet A_1 eine Untergruppe von A_0, A_2 eine solche von $A_0|A_1$, so bildet die Gesamtheit aller Elemente, die in den Klassen von A_2 vorkommen, eine Untergruppe von A_0 und Obergruppe von A_1, die mit $A_1{}^\frown A_2$ bezeichnet wird. Ist ferner A_3 eine Untergruppe von $(A_0|A_1)|A_2$, so versteht man unter der Gruppe $A_1{}^\frown A_2{}^\frown A_3$ die Gesamtheit aller in den Klassen von A_3 auftretenden Elemente usw.[1])

Besteht für A_0 selbst eine Darstellung $A_0 = A_1{}^\frown A_2{}^\frown \ldots A_n$, so spricht man von einer „Kompositionsreihe" (Kr.) von A_0 mit den „Gliedern" $A_1, A_2, \ldots A_n$, und zwar von einer „JORDANschen Kr.", falls $A_1, A_2, \ldots A_n$ sämtlich irreduzibel.

§ 2.

V. e. A. G. und Jordansche Kr.

Eine v. A. G. heißt v. e. A. G., wenn man aus ihr keine ins Unendliche laufende echte Unter- oder Obergruppenkette herausgreifen kann, d. h. wenn sie keine unendliche Gruppenfolge $A_1, A_2, \ldots$ enthält, bei der allgemein A_{i+1} eine echte Unter- bzw. Obergruppe von A_i darstellt.

Jede Unter- sowie jede Restklassengruppe einer v. e. A. G. ist gleichfalls eine v. e. A. G.[2]) Eine irreduzible Gruppe ist stets eine v. e. A. G., umgekehrt enthält jede v. e. A. G. mindestens eine irreduzible Untergruppe.

Satz 1. A ist dann und nur dann v. e. A. G., wenn A eine JORDANsche Kr. besitzt.

a) Es sei A eine v. e. A. G., und B eine Untergruppe von A mit JORDANscher Kr.[3]) Ist dann $A/B \neq N$, so enthält A/B eine irreduzible Gruppe P, und stellt $B{}^\frown P$ eine in A enthaltene echte Obergruppe von B mit gleichfalls JORDANscher Kr. dar. Wegen der Obergruppenkettenvoraussetzung folgt daraus, daß A selbst eine JORDANsche Kr. besitzt.

b) Eine Gruppe mit eingliedriger JORDANscher Kr. ist als irreduzible Gruppe eine v. e. A. G. Setzt man ferner voraus, daß jede Gruppe mit n-1-gliedriger JORDANscher Kr. eine v. e. A. G. darstellt, so gilt das gleiche für alle Gruppen mit n-gliedriger JORDANscher Kr.

Es sei nämlich $A = P_1{}^\frown P_2{}^\frown \ldots{}^\frown P_n$, mit irreduziblen P_i; $A_1, A_2, \ldots$ sei eine unendliche Unter- oder Obergruppenkette aus A. Wegen der Gültigkeit von Satz 1 für $A|P_1 = P_2{}^\frown P_3{}^\frown \ldots{}^\frown P_n$ einerseits und der Irre-

---

[1]) In *Zt.* § 2 wurden die Gruppen $A_0 A_1$ usw. etwas umständlicher eingeführt.

[2]) Vgl. *Zt.* § 2 p. 170

[3]) Mindestens eine solche Untergruppe ist in A enthalten, z. B. eine irreduzible Untergruppe.

duzibilität von P_1 andrerseits kann man durch genügend große Wahl von l erreichen, daß a) $(A_{l+1}, P_1) = (A_{l+2}, P_1) = \ldots$ wird und b) für jede der Gruppen A_{l+i} $(i = 1, 2 \ldots)$ stets ein und dieselbe der beiden Möglichkeiten $[A_{l+i}, P_1] = P_1$ bzw. $[A_{l+i}, P_1] = N$ erfüllt ist. Ist dann A_{l+i} Obergruppe von A_{l+k}, und a ein bel. Element aus A_{l+i}, so gilt eine Gleichung $a = \beta + \pi$; $\beta \equiv 0\,(A_{l+k})$, $\pi \equiv 0\,(P_1)$ und daraus folgt — für $[A_{l+k}, P_1] = P_1$ ohne weiteres, für $[A_{l+i}, P_1] = N$ aus $a - \beta \equiv 0\,([A_{l+i}, P_1])$ — die Kongruenz $a \equiv 0\,(A_{l+k})$. Es wird mithin in der bel. Unter- oder Obergruppenkette $A_1, A_2, \ldots$ sicher $A_{l+1} = A_{l+2} = \ldots$; A und folglich jede Gruppe mit n-gliedriger JORDANscher Kr. ist v. e. A. G.

Satz 2. Sieht man isomorphe Gruppen als nicht verschieden an, so stimmen die Glieder zweier JORDANscher Kr. von A bis auf die Reihenfolge überein.

Der Satz gilt für irreduzible Gruppen. Wir zeigen seine Richtigkeit für Gruppen mit n-gliedriger JORDANscher Kr. unter der Voraussetzung, daß er für solche mit n-1-gliedriger zutrifft. Es sei $A = P_1 \frown P_2 \frown \ldots \frown P_n = Q_1 \frown Q_2 \frown \ldots \frown Q_m$ $(m \geq n)$. Dann ist entweder $P_1 = Q_1$ oder $[P_1, Q_1] = N$. Im ersten Falle stellen $P_2 \frown P_3 \frown \ldots \frown P_n$ und $Q_2 \frown Q_3 \frown \ldots \frown Q_m$ zwei JORDANsche Kr. von $A|P_1$ dar; es ist $m = n$, die Gruppen $P_2, P_3, \ldots P_n$ stimmen bis auf die Reihenfolge mit $Q_2, Q_3, \ldots Q_m$ überein und wegen der Identität von P_1 und Q_1 gilt das gleiche für die Gruppen $P_1, P_2, \ldots P_n$ und $Q_1, Q_2, \ldots Q_m$. Ist aber $[P_1, Q_1] = N$ und bedeutet $R_1 \frown R_2 \frown \ldots \frown R_l$ eine JORDANsche Kr. von $A|((P_1, Q_1))$, so stellt $P_1 \frown R_1 \frown \ldots \frown R_l$ bzw. $Q_1 \frown R_1 \frown \ldots \frown R_l$ eine solche von $A|Q_1$ bzw. $A|P_1$ dar. Durch zweimalige Anwendung von Satz 2 auf Gruppen mit n-1-gliedriger JORDANscher Kr. ergibt sich, daß die Gruppen $P_2, P_3, \ldots P_n$ und $Q_1, R_1, \ldots R_l$ bzw. $P_1, R_1, \ldots R_l$ und $Q_2, Q_3, \ldots Q_m$ bis auf die Reihenfolge übereinstimmen, und daraus folgt schließlich die Gültigkeit von Satz 2 für die JORDANschen Kr. $P_1 \frown P_2 \frown \ldots \frown P_n$ und $Q_1 \frown Q_2 \frown \ldots \frown Q_m$.

Nach Satz 2 bildet die Gliederanzahl einer JORDANschen Kr. eine Invariante von A, die als JORDANsche Invariante j bezeichnet werden soll.

Satz 3. Sind A und B beliebige Gruppen und bedeutet j_a, j_b, j_d, j_s die JORDANsche Invariante von bzw. A, B, $[A, B]$, (A, B), so gilt die Gleichung $j_d + j_s = j_a + j_b$.

Ist B eine Untergruppe von A und stellt $P_1 \frown P_2 \frown \ldots \frown P_{j_1}$ bzw. $Q_1 \frown Q_2 \frown \ldots \frown Q_{j_2}$ eine JORDANsche Kr. von B bzw. von $A|B$ dar, so erhält man in $P_1 \frown P_2 \frown \ldots \frown P_{j_1} \frown Q_1 \frown Q_2 \frown \ldots \frown Q_{j_2}$ eine JORDANsche Kr. von A, für die JORDANsche Invariante j von A gilt daher die Gleichung $j = j_1 + j_2$.

Liegen nunmehr die Voraussetzungen von Satz 3 vor, so haben wir in $A^\frown(B|[A,B])$ eine Kr. von (A,B) und es ist $j_s = j_a + j_b - j_d$, $j_s + j_d = j_a + j_b$. Aus dem Beweise ergibt sich noch:

Ist B Untergruppe von A, so ist die JORDANsche Invariante von B höchstens gleich der von A, und das Gleichheitszeichen gilt nur dann, wenn A und B identisch sind.

Satz 4. Die JORDANsche Invariante j einer v. e. A. G. A kann folgendermaßen charakterisiert werden:

A enthält mindestens eine $j+1$-gliedrige, aber keine $j+2$-gliedrige echte Unter- oder Obergruppenkette.

Zum Beweise ist nur zu bedenken, daß $N, P_1, P_1^\frown P_2, \ldots P_1^\frown P_2^\frown \ldots^\frown P_n$ bzw. $P_1^\frown P_2^\frown \ldots^\frown P_n, P_1^\frown P_2^\frown \ldots^\frown P_{n-1}, \ldots P_1, N$ eine $n+1$ gliedrige echte Unter- bzw. Obergruppenkette aus A darstellt, falls $P_1^\frown P_2^\frown \ldots^\frown P_n$ eine JORDANsche Kr. von A bedeutet.

§ 3.
Vordere und hintere Loewysche Kr.

Eine Gruppe, die sich als direkte Summe irreduzibler Summanden darstellen läßt, heißt vollständig reduzibel (v. red.). Über v. red. G. gelten folgende Hilfssätze:

a) Die Summe endlich vieler v. red. G. ist selbst v. red.

Es sei $A = ((A_1, A_2, \ldots A_n))$; $A_i = ((P_{i1}, P_{i2}, \ldots P_{il_i}))$ mit irreduzibeln P_{ik}; dann kann man aus der Reihe der P_{ik} $(i = 1, 2 \ldots n; k = 1, 2 \ldots l_i)$ stets $m \leqq \Sigma l_i$ Gruppen $P_1, P_2, \ldots P_m$ so auswählen, daß $A = ((P_1, P_2, \ldots P_m))$ wird.

b) Sieht man isomorphe Gruppen als nicht verschieden an, so ist die Darstellung einer v. red. G. durch irreduzible Summanden eindeutig bestimmt.

Folgt aus Satz 2; ist nämlich $A = ((P_1, P_2, \ldots P_n))$ mit irreduzibeln P_i, so stellt $P_1^\frown P_2^\frown \ldots^\frown P_n$ eine JORDANsche Kr. von A dar.

c) Bedeutet A eine v. red. G., B eine bel. Untergruppe von A, so ist auch B v. red., und es gibt eine direkte Summendarstellung $A = ((B, \bar{B}))$, bei der B als Summand auftritt

Zum Beweise vgl. *Zt.* § 3 Satz 5.

d) Ist sowohl $A|A_1$ als $A|A_2$ v. red., so ist auch $A|[A_1, A_2]$ v. red.

Setzt man $A_1|A_2 = B_1$; $A_2|A_1 = B_2$; $A|(A_1, A_2) = C$, so ist $A|[A_1, A_2] = ((B_1, B_2))^\frown C$; $A|A_1 = B_2^\frown C$; $A|A_2 = B_1^\frown C$. Wegen der vollständigen Reduzibilität von $A|A_1$ und $A|A_2$ müssen ferner zwei Gleichungen $A|A_1 =$

$((B_2, C_1))$; $A|A_2 = ((B_1, C_2))$ gelten, wobei B_1, B_2, C_1, C_2 v. red. und C_1 und C_2 zu C isomorph sind. Daraus folgt schließlich, daß $A|[A_1, A_2]$ zwei Untergruppen $B_1 ^\frown C_1$ und $B_2 ^\frown C_2$ enthält, deren Durchschnitt eine zu C isomorphe Gruppe C^* liefert, die der Gleichung $A|[A_1, A_2] = ((B_1, B_2, C^*))$ genügt.

Satz 5. Eine v. e. A. G. besitzt zwei ausgezeichnete Kr. $R_1 ^\frown R_2 ^\frown \ldots ^\frown R_l$ bzw. $\bar{R}_m ^\frown \bar{R}_{m-1} ^\frown \ldots ^\frown \bar{R}_1$, die als „vordere" und „hintere Loewysche Kr." bezeichnet werden und folgendermaßen charakterisiert sind: Sämtliche Gruppen R_i und $\bar{R}_i$ sind v. red. Bedeutet ferner $R'_1 ^\frown R'_2 ^\frown \ldots ^\frown R'_{l'}$ $(\bar{R}_{m'} ^\frown \bar{R}_{m'-1} ^\frown \ldots ^\frown \bar{R}'_1)$ eine Kr. von A mit lauter v. red. Gliedern, und ist für $k = 1, 2 \ldots i$ stets $R_i = R'_i$ $(\bar{R}_i = \bar{R}'_i)$, so gilt die Gleichung $R_1 ^\frown R_2 ^\frown \ldots ^\frown R_i = R'_1 ^\frown R'_2 ^\frown \ldots ^\frown R'_i$ $(\bar{R}_i ^\frown \bar{R}_{i-1} ^\frown \ldots ^\frown \bar{R}_1 = \bar{R}'_i ^\frown \bar{R}'_{i-1} ^\frown \ldots ^\frown \bar{R}'_1)$, und es stellt R'_{i+1} eine Untergruppe von R_{i+1} ($\bar{R}'_{i+1}$ eine Restklassengruppe von $\bar{R}_{i+1}$) dar.

Die Gruppe $R_1 ^\frown R_2 ^\frown \ldots ^\frown R_i$ bzw. $\bar{R}_i ^\frown \bar{R}_{i-1} ^\frown \ldots ^\frown \bar{R}_1$ bzw. $\bar{R}_m ^\frown \bar{R}_{m-1} ^\frown \ldots ^\frown \bar{R}_{i+1}$ wird als i^{te} Loewysche Untergruppe bzw. als i^{te} Loewysche Restklassengruppe bzw. als i^{te} Hauptuntergruppe bezeichnet.

Bedeutet R_1 die Summe aller irreduziblen Untergruppen von A, so läßt sich R_1 wegen der Endlichkeitsvoraussetzungen als Summe endlich vieler irreduzibler Summanden darstellen, und ist daher nach Satz a) v. red. Ebenso erhält man eine v. red. G., wenn man die Summe R_2 aller irreduziblen Untergruppen von $A|R_1$ bildet usw. Die so entstehende eindeutig bestimmte Kr. $R_1 ^\frown R_2 ^\frown \ldots$ stellt, wie unmittelbar aus der Konstruktion zu ersehen, die vordere Loewysche Kr. dar.

Nach Satz d) und der Untergruppenvoraussetzung[1]) ist $A|T_1$ v. red., falls T_1 den Durchschnitt aller der Untergruppen V bedeutet, für die $A|$V v. red. ausfällt. Man setze $A|T_1 = \bar{R}_1$ und bezeichne mit T_2 den Durchschnitt aller Untergruppen V von T_1, für die $T_1|$V v. red. wird, mit $\bar{R}_2$ die Gruppe $T_1|T_2$. Man gelangt so zu der hinteren Loewyschen Kr. $\bar{R}_m ^\frown \bar{R}_{m-1} ^\frown \ldots ^\frown \bar{R}_1$ und zu den Hauptuntergruppen $T_i = \bar{R}_m ^\frown \bar{R}_{m-1} ^\frown \ldots ^\frown \bar{R}_{i+1}$ $(i = 1, 2 \ldots m-1)$.

Hilfssatz. $R_1 ^\frown R_2 ^\frown \ldots ^\frown R_{l-i}$ ist Obergruppe von $\bar{R}_m ^\frown \bar{R}_{m-1} ^\frown \ldots ^\frown \bar{R}_{i+1}$; $\bar{R}_m ^\frown \bar{R}_{m-1} ^\frown \ldots ^\frown \bar{R}_{m-i+1}$ ist Untergruppe von $R_1 ^\frown R_2 ^\frown \ldots ^\frown R_i$.

a) $R_1 ^\frown R_2 ^\frown \ldots ^\frown R_{l-1}$ ist Obergruppe von $\bar{R}_m ^\frown \bar{R}_{m-1} ^\frown \ldots ^\frown \bar{R}_2$, weil $A|R_1 ^\frown R_2 ^\frown \ldots ^\frown R_{l-1}$ v. red. Daraus folgt, daß $\bar{R}_m ^\frown \bar{R}_{m-1} ^\frown \ldots ^\frown \bar{R}_2 | R_1 ^\frown R_2 ^\frown \ldots ^\frown R_{l-2}$ v. red. und mithin $R_1 ^\frown R_2 ^\frown \ldots ^\frown R_{l-2}$ Obergruppe von $\bar{R}_m ^\frown \bar{R}_{m-1} ^\frown \ldots ^\frown \bar{R}_3$ usw.

[1]) Die Untergruppenvoraussetzung ist insofern wesentlich, als sie zeigt, daß man T_1 mit Hilfe von endlich viel Durchschnittsbildungen gewinnen kann.

b) $\bar{R}_m$ ist als v. red. G. Untergruppe von R_1. Ferner ist $\bar{R}_m \frown \bar{R}_{m-1} | R_1$ als Restklassengruppe von $\bar{R}_{m-1}$ v. red. und folglich Untergruppe von $R_1 \frown R_2 | R_1 = R_2$. Es stellt daher $R_1 \frown R_2$ eine Obergruppe von $\bar{R}_m \frown \bar{R}_{m-1}$ dar usw.

Satz 6. Die Gliederzahl der vorderen und hinteren LOEWYschen Kr. besitzt denselben Wert l. Sie wird als LOEWYsche Invariante von A bezeichnet.

Wenden wir den ersten Teil des Hilfssatzes auf $i = m-1$ an, so ergibt sich, daß $R_1 \frown R_2 \frown \ldots \frown R_{l-m+1}$ als Obergruppe von $\bar{R}_m$ von N verschieden sein muß; es ist daher $l - m + 1 \geqq 1$; $l \geqq m$. Umgekehrt erhalten wir durch Anwendung des zweiten Teils des Hilfssatzes für $i = l-1$ die Beziehungen: $\bar{R}_m \frown \bar{R}_{m-1} \frown \ldots \frown \bar{R}_{m-l+2} \neq A$; $m - l + 2 \geqq 2$; $m \geqq l$.

Satz 7. Es sei B ($\bar{B}$) eine Untergruppe (Restklassengruppe) von A. $R_1 \frown R_2 \frown \ldots \frown R_m$ bzw. $R'_1 \frown R'_2 \frown \ldots \frown R'_{m'}$ ($\bar{R}_m \frown \bar{R}_{m-1} \frown \ldots \frown \bar{R}_1$ bzw. $\bar{R}'_{m'} \frown \bar{R}'_{m'-1} \frown \ldots \frown \bar{R}'_1$) bedeute die vordere (hintere) LOEWYsche Kr. von A bzw. B (A bzw. $\bar{B}$). Dann ist $m' \leqq m$, und es stellt R'_i eine Untergruppe von R_i ($\bar{R}'_i$ eine Restklassengruppe von $\bar{R}_i$) dar.

a) R'_1 ist nach Definition Untergruppe von R_1. Ferner stellt $B | R_1 = B | R'_1 = R'_2 \frown \ldots \frown R'_{m'}$ eine Untergruppe von $R_2 \frown R_3 \frown \ldots \frown R_m$ dar. Induktionsschluß!

b) Es bedeute B bzw. T_1 bzw. T'_1 diejenige Untergruppe von A, für die $A | B = \bar{B}$ bzw. $A | T_1 = \bar{R}_1$ bzw. $A | T'_1 = \bar{R}'_1$. Dann ist $T'_1 = (T_1, B)$ und folglich $\bar{R}'_1$ Restklassengruppe von $\bar{R}_1$. Weiter stellt $\bar{R}'_{m'} \frown \bar{R}'_{m'-1} \frown \ldots \frown \bar{R}'_2 = T'_1 | B = T_1 | B$ eine Restklassengruppe von $T_1 = \bar{R}_m \frown \bar{R}_{m-1} \frown \ldots \frown \bar{R}_2$ dar. Induktion! Aus Satz 7 ergibt sich als Korollar:

Eine Untergruppe B (Restklassengruppe $\bar{B}$) von A ist dann und nur dann Untergruppe von $R_1 \frown R_2 \frown \ldots \frown R_i$ (Restklassengruppe von $\bar{R}_i \frown \bar{R}_{i-1} \frown \ldots \frown \bar{R}_1$), wenn die LOEWYsche Invariante von B ($\bar{B}$) höchstens gleich i ist.

Ferner sei noch folgende, leicht mit Induktionsschluß beweisbare Tatsache hervorgehoben:

Ist $A = R'_1 \frown R'_2 \frown \ldots \frown R'_{l'}$, wobei sämtliche R'_i v. red., so ist die LOEWYsche Invariante von A höchstens gleich l'.

Satz 8. Bedeutet L_{ki} bzw. $\bar{L}_{ki}$ bzw. T_{ki} die i^{te} LOEWYsche Untergruppe bzw. LOEWYsche Restklassengruppe bzw. Hauptuntergruppe von A_k ($k = 0, 1, \ldots n$), und ist $A_0 = ((A_1, A_2, \ldots A_n))$, so gelten die Gleichungen $L_{0i} = ((L_{1i}, L_{2i}, \dots L_{ni}))$ bzw. $\bar{L}_{0i} = ((\bar{L}_{1i}, \bar{L}_{2i}, \dots \bar{L}_{ni}))$ bzw. $T_{0i} = ((T_{1i}, T_{2i}, \dots T_{ni}))$.[1])

a) T_{ki} und $\bar{L}_{ki}$. $T_{01} = ((T_{11}, T_{21}, \dots T_{n1}))$ folgt aus der Definition der Hauptuntergruppe. Weiter ergibt sich $T_{02} = ((T_{12}, T_{22}, \dots T_{n2}))$, wenn man T_{k2} als Hauptuntergruppe von T_{k1} auffaßt. Induktion! Aus der Gültigkeit des Satzes für die T_{ki} folgt mit Hilfe der Gleichung $((A_1, A_2, \dots A_n)) | ((T_{1i}, T_{2i}, \dots T_{ni})) = ((A_1 | T_{1i}, A_2 | T_{2i}, \dots A_n | T_{ni}))$ seine Richtigkeit für die L_{ki}.

b) L_{ki}. — $L_{ki} = R_{k1} \hat{} R_{k2} \hat{} \dots \hat{} R_{ki}$. $L_{01} = R_{01} = ((R_{11}, R_{21}, \dots R_{n1}))$ folgt aus der Tatsache, daß $((R_{11}, R_{21}, \dots R_{n1}))$ offenbar v. red. ist und andrerseits jede irreduzible Untergruppe vou A_0 enthält. Bedeutet nämlich P eine solche Untergruppe, P_i ihre A_i-Komponente (vgl. § 1), so ist P_i zu einer Restklassengruppe von P isomorph, und folglich irreduzibel oder gleich N, also in $((R_{11}, R_{21}, \dots R_{n1}))$ enthalten. Indem man weiter die eben benutzte Schlußweise auf $A_0 | R_{01} = ((A_1 | R_{11}, A_2 | R_{21}, \dots A_n | R_{n1}))$ anwendet, gewinnt man die Beziehungen $R_{02} = ((R_{12}, R_{22}, \dots R_{n2}))$; $L_{02} = ((L_{12}, L_{22}, \dots L_{n2}))$ usf.

Zum Schlusse des Paragraphen sollen zwei dualistisch gegenüberstehende Sätze abgeleitet werden, die einen neuen Einblick in die Bedeutung der ersten Loewyschen Restklassengruppe bzw. Untergruppe geben.

Hilfssatz. Ist T die erste Hauptuntergruppe von A, so folgt aus $(B, T) = A$ stets $B = A$.

Ist $(T, B) = A$, so läßt sich eine Untergruppe C von T finden, derart, daß $(C, B) = A$ wird, während für jede echte Untergruppe D von C die Summe (D, B) von A verschieden ausfällt. Bedeutet T_c die erste Hauptuntergruppe von C, T_b diejenige von B, so haben wir $(T_c, T_b) = T$, mithin $(T_c, B) = A$. Es muß daher C mit T_b identisch sein, und daraus folgt $C = N$; $B = A$.

Definition: Die Gleichung $A = (A_1, A_2, \dots A_n)$ heißt kürzeste Summendarstellung von A durch relativ kleinste Untergruppen, wenn keine der Komponenten A_i überflüssig ist oder sich als Summe echter Untergruppen darstellen läßt.

Satz 9a. Ist $A = (A_1, A_2, \dots A_n)$ eine kürzeste Summendarstellung von A durch relativ kleinste Untergruppen, und bedeutet $\bar{R}_i$ die erste Loewysche Restklassengruppe

---

[1]) Ist die Loewysche Invariante von A_k kleiner als i, so setze man: $L_{ki} = \bar{L}_{ki} = A_k$; $T_{ki} = N$!

von A_i, $\bar{R}$ diejenige von A, so sind die $\bar{R}_i$ irreduzibel, und es gilt die Gleichung $\bar{R}=((\bar{R}_1, \bar{R}_2, \ldots \bar{R}_n))$.[1])

a) Die Existenz mindestens einer Darstellung der gesuchten Art zeigt man mit Hilfe der Untergruppen-Kettenvoraussetzung auf Grund folgender Schlußweise: Gilt keine Gleichung $A=(A_1, A_2)$; $A_1 \neq A, A_2 \neq A$, so ist $A=A$ die gewünschte Darstellung. Ist ferner $A=(A_1, A_2)$ und gibt es für jedes A_i eine Darstellung der bewußten Art, so gibt es auch eine für A.

b) Es sei jetzt die Darstellung $A=(A_1, A_2, \ldots A_n)$ gegeben, $\bar{R}$ und $\bar{R}_i$ mögen die im Satz angegebene Bedeutung haben, T bzw. T_i sei die erste Hauptuntergruppe von A bzw. A_i. Dann müssen zunächst sämtliche $\bar{R}_i$ irreduzibel sein, weil aus $\bar{R}_i=((\bar{R}_{i1}, \bar{R}_{i2}))$ eine Gleichung $A_i=(T_i \frown \bar{R}_{i1}, T_i \frown \bar{R}_{i2})$ folgt. Ferner kann kein $\bar{R}_i$ Restklassengruppe von T oder in $(\bar{R}_1, \ldots \bar{R}_{i-1}, \bar{R}_{i+1}, \ldots \bar{R}_n)$ enthalten sein, denn andernfalls hätte man $A=(A_1, \ldots A_{i-1}, T, A_i, \ldots A_n)$, mithin nach dem Hilfssatz $A=(A_1, \ldots A_{i-1}, A_{i+1}, \ldots A_n)$. Daraus folgt schließlich: $[A_i, T]=T_i$; $\bar{R}=A|T=(A_1|T, A_2|T, \ldots A_n|T)=(A_1|T_1, A_2|T_2, \ldots A_n|T_n)=((\bar{R}_1, \bar{R}_2, \ldots \bar{R}_n))$.

Definition: Eine Gleichung $N=[A_1, A_2, \ldots A_n]$ heißt **kürzeste Darstellung von N durch relativ größte Untergruppen von A**, wenn kein A_i weggelassen werden kann, oder sich als Durchschnitt echter in A enthaltener Obergruppen darstellen läßt.

Hilfssatz. Bei einer v. red. G. A entspricht jeder kürzesten Darstellung $N=[Q_1, Q_2, \ldots Q_n]$ durch relativ größte Untergruppen von A eindeutig umkehrbar eine direkte Summendarstellung $A=((P_1, P_2, \ldots P_n))$ mit irreduzibeln Komponenten, derart, daß die reziproken Gleichungen $P_i=[Q_1, Q_2, \ldots Q_{i-1}, Q_{i+1}, \ldots Q_n]$, $Q_i=((P_1, P_2, \ldots P_{i-1}, P_{i+1}, \ldots P_n))$ gelten.

Ist n die JORDANsche Invariante der v. red. G. A, und bedeutet B eine Untergruppe von A mit der JORDANschen Invariante $m \leq n-2$, so gilt eine Gleichung $A=((B, C_1, C_2))$; $C_1 \neq N, C_2 \neq N$, und es stellen $B \frown C_1$ und $B \frown C_2$ zwei der Gleichung $[B \frown C_1, B \frown C_2]=B$ genügende echte Obergruppen von B dar. Auf Grund dieser Tatsache beweist man durch Rechnung die Behauptung des Hilfssatzes, indem man einmal von der Darstellung $N=[Q_1, Q_2, \ldots Q_n]$, das andere Mal von $A=((P_1, P_2, \ldots P_n))$ ausgeht, und P_i bzw. Q_i mit Hilfe der Formel $P_i=[Q_1, \ldots Q_{i-1}, Q_{i+1}, \ldots Q_n]$ bzw. $Q_i=(P_1, \ldots P_{i-1}, P_{i+1}, \ldots P_n)$ berechnet.[2])

---

[1]) Es ist also insbesondere bei jeder Darstellung der bewußten Art die Komponentenanzahl dieselbe, nämlich gleich der JORDANschen Invariante von $\bar{R}$.

[2]) Bei der Durchführung der Rechnung ist Satz 3 heranzuziehen, um bei

Satz 9b. Ist $N = [A_1, A_2, \dots A_n]$ eine kürzeste Durchschnittsdarstellung von N durch relativ größte Untergruppen von A, und bedeutet R_i die erste LOEWYsche Untergruppe von A_i, R diejenige von A, so ist $N = [R_1, R_2, \dots R_n]$ eine kürzeste Darstellung von N durch relativ größte Untergruppen von R.

Der Existenzbeweis für eine Darstellung der gewünschten Art wird genau so geführt, wie der entsprechende Beweis bei Satz 9a, nur daß diesmal die Obergruppenkettenvoraussetzung zu benützen ist. Gehen wir umgekehrt von der Darstellung $N = [A_1, A_2, \dots A_n]$ aus, so ergibt sich zunächst, daß in der Gleichung $N = [R_1, R_2, \dots R_n]$ keine Komponente weggelassen werden kann, weil andernfalls auch $N = [A_1, A_2, \dots A_n]$ keine kürzeste Darstellung von N wäre. Gäbe es ferner zwei in R enthaltene, der Gleichung $R_i = [R_{i1}, R_{i2}]$ genügende echte Obergruppen R_{1i} und R_{2i} von R, so hätten wir in $A_i = [(A_i, R_{i1}), (A_i, R_{i2})]$ eine Darstellung von A_i durch in A enthaltene echte Obergruppen; denn aus $[(A_i, R_{i1}), (A_i, R_{i2})] \neq A_i$ folgte in unserm Fall der Reihe nach: $[(A_i, R_{i1}), R_{i2}] \neq R_i$, $[R_{i1}, R_{i2}] \neq R_i$. Die Gleichung $N = [R_1, R_2, \dots, R_n]$ ist daher eine kürzeste Darstellung von N durch relativ größte Untergruppen von R.

In einer kürzesten Darstellung $A = (A_1, A_2, \dots A_n)$ bzw. $N = [A_1, A_2, \dots A_n]$ durch relativ kleinste bzw. relativ größte Untergruppen von A kann keine Komponente durch eine echte Untergruppe bzw. Obergruppe aus A ersetzt werden.

Ist nämlich etwa $A = (B_1, A_2, \dots A_n)$ bzw. $N = [B_1, A_2, \dots A_n]$, wobei B_1 eine in A enthaltene echte Unter- bzw. Obergruppe von A_1 bedeutet, so hat man $A_1 = (B_1, [A_1, (A_2, \dots A_n)])$ bzw. $A_1 = [B_1, (A_1, [A_2, \dots A_n])]$, und es sind dabei die Komponenten der rechten Seiten von A_1 verschieden.[1])

den vorzunehmenden Durchschnittsbildungen die JORDANschen Invarianten zu bestimmen; ferner ist immer wieder zu berücksichtigen, daß es sich bei der Gleichung $N = [Q_1, Q_2, \dots Q_n]$ um eine kürzeste Darstellung handelt.

[1]) Für die Durchschnittsdarstellung von N findet sich der angegebene Beweis bei E. NOETHER: Idealtheorie in Ringbereichen, Math. Annal. 83 (1920) § 3 p. 34f. Dort ist auch für den allgemeineren Fall der alleinigen Gültigkeit der Obergruppenkettenvoraussetzung die Anzahlgleichheit der Komponenten bei jeder Darstellung $N = [A_1, A_2, \dots A_n]$ im Sinne von Satz 9b bewiesen, also eine Tatsache, die sich bei unsern engeren Voraussetzungen aus den weitergehenden Resultaten von Satz 9b mit ergibt.

§ 4.

Beispiel aus der Idealtheorie.

Die in § 2 und § 3 abgeleiteten Sätze sollen an einem Beispiel veranschaulicht werden, zu dessen Verständnis allerdings die Kenntnis einiger Grundbegriffe der allgemeinen Idealtheorie nötig ist.[1])

Als Operatorenbereich wählen wir einen kommutativen Ring $\mathfrak{R}$, der ein Einheitselement ε[2]) der Multiplikation enthält, und folgenden Axiomen genügt:

1. Jedes Ideal aus $\mathfrak{R}$ besitzt eine endliche Basis.

2. In $\mathfrak{R}$ gibt es ein ausgezeichnetes Ideal $\mathfrak{p}$ mit folgenden Eigenschaften:

a) Jedes nicht in $\mathfrak{p}$ enthaltene Element ζ ist Einheit, d. h. es gibt in $\mathfrak{R}$ zu ζ ein „reziprokes Element" ζ^{-1}, für das $\zeta \cdot \zeta^{-1} = \varepsilon$.

b) Es gibt eine natürliche Zahl r, so daß $\mathfrak{p}^r = (0)$, es ist also jedes durch $\mathfrak{p}$ teilbare Element Nullteiler, und ein Produkt von r Nullteilern verschwindet stets.[3])

Als Elementebereich O stellen wir neben den Operatorenbereich $\mathfrak{B}^* = \mathfrak{R}$ das durch Axiom 2 charakterisierte Ideal $\mathfrak{p}$. Dann wird in unserm Beispiel:

Gruppe = durch $\mathfrak{p}$ teilbares Ideal; Obergruppe = Teiler, Untergruppe = Vielfaches, $O = \mathfrak{p}$, $N = (0)$; Summe = größter gemeinschaftlicher Teiler, Durchschnitt = kleinstes gemeinschaftliches Vielfaches; Restklassengruppe $\mathfrak{a} | \mathfrak{b}$ = Restklassensystem von $\mathfrak{a}$ nach $\mathfrak{b}$.

Das Restklassensystem des Einheitsideals (ε) nach $\mathfrak{a}$ bildet einen Ring $\bar{\mathfrak{R}}$ mit den gleichen charakteristischen Eigenschaften wie $\mathfrak{R}$. Man kann die Untergruppen von $\mathfrak{p}|\mathfrak{a}$ als Ideale in $\bar{\mathfrak{R}}$ auffassen. Wir setzen $(0):(\varepsilon) = (0) = \mathfrak{q}^{(1)}; (0):\mathfrak{p} = \mathfrak{q}^{(2)}, (0):\mathfrak{p}^2 = \mathfrak{q}^{(3)}, \ldots (0):\mathfrak{p}^{r-1} = \mathfrak{p} = \mathfrak{q}^{(r)}$.

Dann gilt:

Hilfssatz. Notwendig und hinreichend für die vollständige Reduzibilität der durch $\mathfrak{a}$ dargestellten Gruppe ist die Gültigkeit der Kongruenz $\mathfrak{a} \equiv 0(\mathfrak{q}^{(2)})$. Zwei v. red. G.

---

[1]) Vgl. die weiter unten aufgezählten Bezeichnungen. Ferner brauchen wir den Begriff des Idealproduktes sowie des Idealquotienten. Zu dem benutzten Ringtypus vgl. KRULL, A. I. § 1 u. § 2.

[2]) Ringelemente werden mit kleinen griechischen Buchstaben bezeichnet, da sie — wenigstens z. T. — auch als Gruppenelemente benutzt werden.

[3]) Das kleinste r für das $\mathfrak{p}^r = (0)$ heißt der „charakteristische Exponent" von $\mathfrak{R}$.

sind dann und nur dann isomorph, wenn sie gleiche JORDANsche Invarianten besitzen.

a) Soll $\mathfrak{a}$ eine irreduzible Gruppe darstellen, und bedeutet a ein von 0 verschiedenes Element aus $\mathfrak{a}$, so muß $\mathfrak{a}=(a)$ sein und die Kongruenz $\mathfrak{a}\equiv 0\,(\mathfrak{q}^{(2)})$ bestehen, weil andernfalls $[\mathfrak{a},\mathfrak{q}^{(2)}]$ eine von (0) verschiedene echte Untergruppe von $\mathfrak{a}$ wäre. Umgekehrt ist ein durch $\mathfrak{q}^{(2)}$ teilbares Ideal (a) als Gruppe stets irreduzibel.

b) Aus a), sowie aus der Definition der v. red. G. ergibt sich die erste Behauptung des Hilfssatzes.

c) Eine irreduzible Gruppe $\mathfrak{a}=(a)$ besteht aus der Gesamtheit aller Elemente der Form $\xi\cdot a$, und es ist $\xi_1\cdot a=\xi_2\cdot a$ dann und nur dann, wenn $\xi_1\equiv\xi_2\,(\mathfrak{p})$. Daraus folgt, daß zwei irreduzible Gruppen (α) und (β) durch Zuordnung von (α) und (β) isomorph aufeinander bezogen werden. Sind $\mathfrak{a}$ und $\mathfrak{b}$ v. red. G. mit der gleichen JORDANschen Invariante j, so lassen sich $\mathfrak{a}$ und $\mathfrak{b}$ jeweils als direkte Summe von j irreduziblen Komponenten darstellen, und da diese nach dem eben Festgestellten sämtlich isomorph sind, so müssen auch $\mathfrak{a}$ und $\mathfrak{b}$ isomorph sein.

Satz 10. Besitzt der Operatorenbereich $\mathfrak{R}$ den charakteristischen Exponenten r, so ist jedes durch $\mathfrak{p}$ teilbare Ideal $\mathfrak{a}$ eine v. e. A. G. mit einer LOEWYschen Invariante $l<r$. Die i^{te} LOEWYsche Untergruppe bzw. i^{te} Hauptuntergruppe bzw. i^{te} LOEWYsche Restklassengruppe von $\mathfrak{a}$ wird durch $[\mathfrak{q}^{(i+1)},\mathfrak{a}]$ bzw. $\mathfrak{p}\cdot\mathfrak{a}$ bzw. $\mathfrak{a}|(\mathfrak{p}^i\cdot\mathfrak{a})$ dargestellt.

Der Beweis ergibt sich auf Grund des Hilfssatzes und der Definition der in Betracht kommenden Gruppen ohne Schwierigkeit. Im Spezialfall findet man, daß $r-1$ die LOEWYsche Invariante, $\mathfrak{q}^{(i+1)}$ die i^{te} LOEWYsche Untergruppe, $\mathfrak{p}^{i+1}$ die i^{te} Hauptuntergruppe, $\mathfrak{p}|\mathfrak{p}^{i+1}$ die i^{te} LOEWYsche Restklassengruppe von $\mathfrak{p}$ darstellt.

Wir wollen nun einem bel. durch $\mathfrak{p}$ teilbaren Ideale $\mathfrak{a}$ vier Invariantenserien $v_i^{(a)}$, $h_i^{(a)}$, $v_i^{(r)}$, $h_i^{(r)}$ $(i=1,2\ldots)$ zuordnen, indem wir unter $v_i^{(a)}$ bzw. $h_i^{(a)}$ die JORDANsche Invariante des i^{ten} Gliedes der vorderen bzw. hinteren LOEWYschen Kr. von $\mathfrak{a}$ verstehen, während $v_i^{(r)}$ und $h_i^{(r)}$ die entsprechende Bedeutung für die Gruppe $\mathfrak{p}|\mathfrak{a}$ besitzen sollen.[1]) Ist i größer als die LOEWYsche Invariante von $\mathfrak{a}$ bzw. $\mathfrak{p}|\mathfrak{a}$, so wird zweckmäßig $v_i^{(a)}=h_i^{(a)}=0$ bzw. $v_i^{(r)}=h_i^{(r)}=0$ gesetzt.

[1]) Die Zahlen $v_i^{(a)}$ sind vom rein idealtheoretischen Standpunkt aus eingeführt in KRULL: A. II. § 4. Auf die Zahlen $h_i^{(r)}$ und auf ihre in Satz 11 formulierte idealtheoretische Bedeutung wies mich E. NOETHER hin, die mich auch zuerst auf die Möglichkeit der gruppentheoretischen Behandlungsweise aufmerksam

Bedeuten $v_i^{(r)}, h_i^{(r)}; v_i^{(\varrho)}, h_i^{(\varrho)}$ bzw. $\bar{v}_i^{(r)}, \bar{h}_i^{(r)}; \bar{v}_i^{(\varrho)}, \bar{h}_i^{(\varrho)}$ die Invariantenserien von $\mathfrak{p}$ bzw. (0), so ist $v_i^{(r)} = h_i^{(r)} = \bar{v}_i^{(\varrho)} = \bar{h}_i^{(\varrho)} = 0$; $v_i^{(\varrho)} = \bar{v}_i^{(r)}$ $h_i^{(\varrho)} = \bar{h}_i^{(r)}$. Ferner gilt:

Satz 11. Stimmen $\mathfrak{a}$ und $\mathfrak{b}$ in ihren Invariantenserien überein, so sind bei den LOEWYschen Kr. von $\mathfrak{a}$ und $\mathfrak{b}$, $\mathfrak{p}|\mathfrak{a}$ und $\mathfrak{p}|\mathfrak{b}$ jeweils entsprechende Glieder isomorph.

Bedeuten $v_i^{(\varrho)}, h_i^{(\varrho)}; v_i^{(r)}, h_i^{(r)}$ bzw. $\bar{v}_i^{(\varrho)}, \bar{h}_i^{(\varrho)}; \bar{v}_i^{(r)}, \bar{h}_i^{(r)}$ die Invariantenserien von $\mathfrak{a}$ bzw. $\mathfrak{b}$, und ist $\mathfrak{a} \equiv 0(\mathfrak{b})$, so gelten die Ungleichungsserien $v_i^{(\varrho)} \leqq \bar{v}_i^{(\varrho)}$; $h_i^{(r)} \geqq \bar{h}_i^{(r)}$. Steht in einer der beiden Serien überall das Gleichheitszeichen, so steht es auch überall in der andern, und es ist $\mathfrak{a} = \mathfrak{b}$.

Ist $(0) = [\mathfrak{a}_1, \mathfrak{a}_2, \ldots \mathfrak{a}_n]$ bzw. $\mathfrak{a} = [\mathfrak{a}_1, \mathfrak{a}_2, \ldots \mathfrak{a}_n]$ eine kürzeste Darstellung von (0) bzw. $\mathfrak{a}$, und bedeuten die $\mathfrak{a}_i$ Vielfache von $\mathfrak{a}$ bzw. $\mathfrak{p}$, die sich nicht als kleinstes gemeinschaftliches Vielfaches durch $\mathfrak{a}$ bzw. $\mathfrak{p}$ teilbarer echter Teiler darstellen lassen, so ist $n = v_1^{(\varrho)}$ bzw. $n = v_1^{(r)}$.

Haben wir in $\mathfrak{a} = (\mathfrak{a}_1, \mathfrak{a}_2, \ldots \mathfrak{a}_n)$ bzw. $\mathfrak{p} = (\mathfrak{a}_1, \mathfrak{a}_2, \ldots \mathfrak{a}_n)$ eine Darstellung von $\mathfrak{a}$ bzw. $\mathfrak{p}$ durch solche $\mathfrak{a}_i$, die sich nicht als größter gemeinschaftlicher Teiler von in (0) bzw. $\mathfrak{a}$ aufgehenden echten Vielfachen darstellen lassen, so gilt die Gleichung $n = h_1^{(\varrho)}$ bzw. $n = h_1^{(r)}$.

Die Behauptungen ergeben sich der Reihe nach durch Anwendung des Hilfssatzes, des Satzes 7, sowie der Sätze 9b und 9a.

§ 5.

Bezeichnungen und Sätze aus der Theorie der Matrizen und hyperkomplexen Größen.

Eine Matrix bedeutet im folgenden stets eine quadratische Matrix mit Koeffizienten aus einem festen Körper $\mathfrak{K}$. Alle bei ein und derselben Untersuchung auftretenden Matrizen sollen gleichen Grad besitzen. Für Körperelemente verwenden wir kleine lateinische, für Matrizen große griechische Buchstaben, unter (a) soll eine Matrix der besonderen Gestalt $\left\|\begin{matrix} a_1 o \ldots o \\ a_2 o \ldots o \\ \ldots\ldots\ldots \\ a_n o \ldots o \end{matrix}\right\|$ verstanden werden. Eine Matrix der Form $\left\|\begin{matrix} a o \ldots o \\ o a \ldots o \\ \ldots\ldots\ldots \\ o \ldots o a \end{matrix}\right\|$

machte. — Der Grundgedanke der oben durchgeführten Untersuchung läßt sich auf viel allgemeinere Ringe, nämlich auf solche, die nur dem Endlichkeitsaxiom 1 genügen, übertragen. Doch handelt es sich dabei im wesentlichen um ein Problem der Ideal-, nicht um ein solches der Gruppentheorie.

heißt skalare Matrix; es ist zweckmäßig, eine skalare Matrix unmittelbar dem in der Hauptdiagonale auftretenden Körperelement gleichzusetzen.[1])

Zwei beliebige Matrizenkomplexe $\mathfrak{A}$ und $\mathfrak{B}$ werden ähnlich genannt, wenn es zwischen ihren Elementen eine derartige eineindeutige Zuordnung gibt, daß für eine feste Matrix Π durch die Transformation $\Pi A \Pi^{-1}$ jede Matrix aus $\mathfrak{A}$ in die entsprechende aus $\mathfrak{B}$ übergeht. Eine Klasse ähnlicher Matrizenkomplexe heißt reduzibel (zerlegbar), wenn es in ihr einen reduzierten (zerlegten) Komplex gibt, dessen Matrizen sämtlich die Gestalt $\begin{Vmatrix} A_1 & O \\ B & A_2 \end{Vmatrix}$ $\left(\begin{Vmatrix} A_1 & O \\ O & A_2 \end{Vmatrix}\right)$ besitzen, wobei A_i eine Matrix vom festen Grade $n_i > 0$ bedeutet.

Unter einem hyperkomplexen System $\mathfrak{S}$ vom endlichen Range n[2]) mit dem Grundkörper $\mathfrak{K}$ versteht man einen nichtkommutativen Ring, der folgenden Axiomen genügt:

1. $\mathfrak{S}$ enthält als Teilbereich die Elemente des Körpers $\mathfrak{K}$. Das Einheitselement der Multiplikation aus $\mathfrak{K}$ ist auch Einheitselement in $\mathfrak{S}$ und es ist $a \cdot \Theta = \Theta \cdot a$ für bel. a aus $\mathfrak{K}$ und bel. Θ aus $\mathfrak{S}$.

2. Es gibt in $\mathfrak{S}$ genau n hinsichtlich $\mathfrak{K}$ linear unabhängige Elemente.

Wie bei Matrizen bezeichnen wir Körperelemente mit kleinen lateinischen, bel. Systemelemente mit großen griechischen Buchstaben. Eine Elementeschar $\Theta_1, \Theta_2, \ldots \Theta_m$ aus $\mathfrak{S}$ heißt Basis des Systems, wenn sich jedes Element aus $\mathfrak{S}$ linear durch die Θ_i mit Koeffizienten aus $\mathfrak{K}$ ausdrücken läßt. n linear unabhängige Elemente bilden stets eine Basis, und zwar eine Minimalbasis, d. h. eine solche von möglichst wenig Elementen.

Ein Komplex von Matrizen n^{ten} Grades, der alle skalaren Matrizen und gleichzeitig mit A und B stets auch die Matrizen $A+B$ und $A \cdot B$ enthält, stellt ersichtlich ein System hyperkomplexer Größen vom Range $\leqq n^2$ dar. Zwei ähnliche hyperkomplexe Matrizensysteme sind holoe-

---

[1]) Mißverständnisse sind dabei unmöglich, weil nie Matrizen verschiedenen Grades gleichzeitig untersucht werden.

[2]) Von einem hyperkomplexen System schlechtweg soll gesprochen werden, wenn der Ring wohl der Bedingung 1, aber nicht notwendig der Bedingung 2 genügt. Der Grundkörper $\mathfrak{K}$ ist ganz beliebig, er braucht nicht, was sonst bei hyperkomplexen Systemen häufig vorausgesetzt wird, der Körper aller reellen oder der aller komplexen Zahlen zu sein.

drisch-isomorph und können als nicht wesentlich verschieden angesehen werden.

Zu jedem Matrizenkomplex $\mathfrak{R}$ gibt es ein kleinstes ihn enthaltendes hyperkomplexes Matrizensystem $\mathfrak{S}$, und die Klassen der zu $\mathfrak{R}$ und $\mathfrak{S}$ ähnlichen Komplexe bzw. Systeme verhalten sich hinsichtlich Reduzibilität und Zerlegbarkeit vollkommen gleich. Man darf sich daher bei Behandlung der diesbezüglichen Fragen auf hyperkomplexe Matrizensysteme beschränken.

Zu jedem abstrakt gegebenen hyperkomplexen Systeme endlichen Ranges gibt es mindestens ein isomorphes Matrizensystem mit demselben Grundkörper.[1]) Es entsteht daher folgendes, für die Theorie der hyperkomplexen Systeme grundlegendes Problem:

Es sind alle Klassen ähnlicher Matrizensysteme zu bestimmen, die zu einem vorgegebenen hyperkomplexen System $\mathfrak{S}$ von endlichem Range holoedrisch oder meroedrisch isomorph sind.

Oder kurz: Es sind sämtliche Darstellungen von $\mathfrak{S}$ durch Matrizensysteme zu ermitteln.

§ 6.

Hyperkomplexe Gruppen von endlichem Rang.

Eine v. A. G. A heißt hyperkomplexe Gruppe (hyp. G.) vom Range n mit dem Grundkörper $\mathfrak{K}$, wenn 1. der zu A gehörige Operatorenbereich $\mathfrak{B}^*$ ein endliches[2]) System hyperkomplexer Größen mit dem Grundkörper $\mathfrak{K}$ darstellt, und 2. A hinsichtlich $\mathfrak{K}$ genau n linear unabhängige Elemente enthält.

Minimalbasis und Basis einer Gruppe werden genau so definiert wie bei den hyperkomplexen Systemen. Eine hyp. G. vom Range n ist stets eine v. e. A. G. mit der JORDANschen Invariante $j \leqq n$.

Satz 12: Jeder Klasse isomorpher hyp. G. vom Range n mit dem Operatorenbereich $\mathfrak{B}^*$ und dem Grundkörper $\mathfrak{K}$

---

[1]) Der übliche Beweis ergibt sich als Spezialfall aus den Untersuchungen des folgenden Paragraphen. Man braucht nur im Satz 12 als Gruppe und Operatorenbereich dasselbe System $\mathfrak{S}$ zu wählen.

[2]) D. h. ein System von endlichem Rang. — Die Endlichkeit des Operatorensystems braucht übrigens nicht vorausgesetzt zu werden. Sie folgt leicht aus der Forderung, daß die Gruppe selbst endlichen Rang besitzen soll. — Hingegen kann nicht umgekehrt von endlichem Rang des Operatorenbereichs auf den endlichen Rang der Gruppe geschlossen werden.

entspricht eindeutig umkehrbar einer Klasse ähnlicher, zu $\mathfrak{B}^*$ isomorpher Matrizensysteme vom Grade n mit Koeffizienten aus $\mathfrak{K}$.

a) Es sei die hyp. G. A gegeben, $\alpha_1, \alpha_2, \ldots \alpha_n$ bedeute eine Minimalbasis von A, Θ einen bel. Operator aus $\mathfrak{B}^*$. Dann gehört zu Θ eine eindeutig bestimmte Matrix A, die der Gleichung $(\Theta \cdot \alpha) = A \cdot (\alpha)$ genügt, und die Gesamtheit der Matrizen A bildet ein zu $\mathfrak{B}^*$ holoedrisch isomorphes Matrizensystem, wie unmittelbar aus der Zuordnung von Θ und A zu ersehen.[1])

b) n bel. Elemente $\beta_1, \beta_2, \ldots \beta_n$ bilden dann und nur dann eine Minimalbasis von A, wenn eine Matrizengleichung $(\beta) = \Pi \cdot (\alpha)$ gilt, wobei Π eine Matrix mit nichtverschwindender Determinante bedeutet. In diesem Falle aber ist $(\Theta \cdot \beta) = \Pi \cdot A \cdot \Pi^{-1} \cdot (\beta)$, man erhält also mit Hilfe der Minimalbasis $\beta_1, \beta_2, \ldots \beta_n$ das aus $\mathfrak{S}$ durch Transformation mit der Matrix Π entstehende ähnliche System.

c) Sind A und B zwei hyp. G. vom Range n mit dem gleichen Operatorenbereich $\mathfrak{B}^*$ und den Minimalbasen $\alpha_1, \alpha_2, \ldots \alpha_n$ bzw. $\beta_1, \beta_2, \ldots \beta_n$ so erhält man dann und nur dann durch Zuordnung von α_i und β_i $(i = 1, 2 \ldots n)$ einen Isomorphismus zwischen A und B, wenn die beiden Minimalbasen dasselbe zu $\mathfrak{B}^*$ isomorphe hyperkomplexe Matrizensystem $\mathfrak{S}$ liefern.

d) Es sei $\mathfrak{S}$ ein zu $\mathfrak{B}^*$ isomorphes Matrizensystem vom Grade n, dem Operator Θ entspreche die Matrix A. Dann erhält man eine hyp. G. vom Range n, der die Klasse der zu $\mathfrak{S}$ ähnlichen Matrizensysteme zugeordnet ist, wenn man $\alpha_1, \alpha_2, \ldots \alpha_n$ als linear unabhängige Elemente einführt, und die Anwendung von Θ durch die Matrizengleichung $(\Theta \cdot \alpha) = A \cdot (\alpha)$ definiert.

Nach Satz 12 ist das Problem der Darstellung eines abstrakt gegebenen endlichen hyperkomplexen Systems $\mathfrak{B}^*$ durch Matrizen äquivalent mit der Bestimmung sämtlicher hyp. G. von endlichem Rang, deren Operatorenbereich zu $\mathfrak{B}^*$ holoedrisch oder meroedrisch isomorph ist.

Satz 13. Eine hyp. G. A von endlichem Rang ist dann und nur dann reduzibel (zerlegbar), wenn es die zugeordnete Klasse von Matrizensystemen ist.

---

[1]) Dabei erfolgt allerdings (was unwesentlich ist) die Multiplikation der Matrizen in umgekehrter Richtung wie die der Operatoren, d. h. es sind $A \cdot B$ und $H \cdot \Theta$ einander zuzuordnen, wenn A und Θ, B und H einander entsprechen. Will man ein Matrizensystem erhalten, in dem die Multiplikation in derselben Richtung erfolgt wie in $\mathfrak{B}^*$, so hat man jede Matrix A durch die Transponierte A' zu ersetzen.

Der Beweis ergibt sich, wenn man von einer Basis A ausgeht, die einem reduzierten (zerlegten) System der zugeordneten Klasse entspricht.[1])

Mit Hilfe von Satz 13 kann man die Ergebnisse von § 2 und § 3 in die Matrizensprache übersetzen. Man kommt so zu den Ergebnissen, die Herr LOEWY in seinen Arbeiten *L. I–III.* abgeleitet hat, wenigstens für den Fall von Matrizen mit „konstanten" Koeffizienten. Um den allgemeinsten bei Herrn LOEWY behandelten Fall zu erfassen, muß man, worauf ich gelegentlich zurückkommen werde, anstelle der hyp. G. allgemeinere Gruppen von endlichem Rang setzen[2]) (vgl. auch *Zt.* § 7). Da die angegebene Übertragung ohne begriffliche Schwierigkeit rein lexikonmäßig durchgeführt werden kann, gehen wir hier nicht näher darauf ein.

§ 7.

E. T. G. (Elementarteilergruppen).

Die einfachsten endlichen hyperkomplexen Systeme erhält man durch Adjunktion eines einzigen Elementes Θ zum Körper $\mathfrak{K}$. Ein derartiges System $\mathfrak{S} = \mathfrak{K}(\Theta)$ genügt dem kommutativen Gesetz der Multiplikation und wird durch Zuordnung von x und Θ auf das (nicht endliche) System $\mathfrak{P}$ aller Polynome einer Variabeln x mit Koeffizienten aus $\mathfrak{K}$ meroedrisch isomorph abgebildet. Dem Nullelement aus $\mathfrak{S}$ entsprechen dabei alle Polynome in x, die durch ein gewisses Polynom $g(x)$ teilbar sind. Der Grad von $g(x)$ ist gleich dem Range von $\mathfrak{S}$.

Eine Gruppe von endlichem Rang mit zu $\mathfrak{P}$ meroedrisch isomorphem Operatorenbereich soll E. T. G. heißen. Nach den Darlegungen von § 5 ergibt sich das Problem, einen Überblick über sämtliche Typen von E. T. G. zu gewinnen, und es wird sich zeigen, daß diese Fragestellung u. a. zur bekannten Elementarteilertheorie führt.

Der Operatorenbereich, mit dem wir es zu tun haben, ist aufs engste mit demjenigen verwandt, der bei den gewöhnlichen e. A. G. auftritt. Dort handelt es sich um das Restklassensystem nach einer natürlichen Zahl, das zum Bereich aller ganzen Zahlen meroedrisch isomorph ist; hier liegt das zum Bereich aller Polynome meroedrisch isomorphe Restklassensystem nach einem Polynom einer Variabeln vor. Ganze Zahlen und Polynome einer Variabeln sind aber hinsichtlich

[1]) Vgl. *Zt.* § 7 p. 189, wo allerdings nur von Zerlegbarkeit die Rede ist.

[2]) Bei Herrn LOEWY sind die in Betracht kommenden Sätze für bel. Matrizenkomplexe, nicht nur für hyperkomplexe Systeme formuliert. Daß hierin keine wesentliche Verallgemeinerung liegt, wurde in § 5 hervorgehoben.

der multiplikativen Zerlegung ihrer Elemente gleichwertig. Die Untersuchung der E. T. G. verläuft daher beinahe wörtlich genau so wie die der gewöhnlichen e. A. G., und wir können uns mit einer Skizze der Beweise begnügen.

Ein Polynom soll normiert heißen, wenn bei ihm der Koeffizient der höchsten Potenz von x die Einheit ist. Als Ordnung eines beliebigen Gruppenelementes α wird das normierte Polynom niedrigsten Grades bezeichnet, für das die Gleichung $g(\Theta) \cdot \alpha = 0$ gilt. Unter der Ordnung einer Gruppe versteht man das kleinste gemeinschaftliche Vielfache der Ordnungen der Elemente.[1])

Eine E. T. G. heißt „durch α erzeügte zyklische Gruppe", und man schreibt $Z = (\alpha)$, wenn Z aus der Gesamtheit aller Elemente besteht, die aus α durch Anwendung beliebiger Operatoren hervorgehen.

Ist β ein Element aus $Z = (\alpha)$, so ist die Ordnung von β ein Teiler der Ordnung von α. Stimmen die Ordnungen von α und β überein, so ist auch β erzeugendes Element von Z, weil sowohl der Rang von (α) wie der von (β) gleich dem Grade der Ordnung von α ist.

Aus diesen Überlegungen ergibt sich:

Satz 14. Zwei zyklische Gruppen sind dann und nur dann isomorph, wenn sie gleiche Ordnung besitzen. Es gibt stets zyklische Gruppen gegebener Ordnung.

Eines Beweises bedarf nur noch der letzte Teil der Behauptung. Es sei $g(x) = x^n - a_1 x^{n-1} - \ldots a_n$. Dann erhält man eine Gruppe $Z = (\alpha)$ mit der Ordnung $g(x)$, indem man die Anwendung von $\Theta, \Theta^2 \ldots$ auf α folgendermaßen definiert: $\alpha, \Theta \cdot \alpha, \ldots \Theta^{n-1} \cdot \alpha$ sollen linear unabhängig sein, hingegen soll die Gleichung $\Theta^n \cdot \alpha = a_1 \cdot \Theta^{n-1} \cdot \alpha + \ldots + a_n \cdot \alpha$ bestehen.

Satz 15a. Jede E. T. G. stellt die direkte Summe solcher zyklischer Gruppen dar, deren Ordnungen Potenzen irreduzibler Polynome sind.

a) Es sei $g(x) = g_1(x)^{r_1} \cdot g_2(x)^{r_2} \cdot \ldots g_s(x)^{r_s}$, die Ordnung der gegebenen Gruppe A, wobei die $g_i(x)$ teilerfremde irreduzible Polynome bedeuten. Dann gilt eine Gleichung $A = ((A_1, A_2, \ldots A_s))$ wobei die Ordnung von A_i gerade gleich $g_i(x)^{r_i}$ ist (Beweis im wesentlichen gerade so wie bei dem entsprechenden Satz der g. e. A. G.).

[1]) Die Ordnung ist hier aus Zweckmäßigkeitsgründen anders definiert als in der gewöhnlichen Gruppentheorie. Der Ordnung einer e. A. G. im üblichen Sinne entspricht bei uns der Rang.

β) Eine Gruppe A, deren Ordnung Potenz einer irreduzibeln Funktion ist, läßt sich als direkte Summe zyklischer Gruppen darstellen.

Beweis wieder nach dem Vorbild der Theorie der e. A. G.! Man greift aus A zunächst ein Element a_1 von möglichst hoher Ordnung und die durch a_1 erzeugte Gruppe $Z_1 = (a_1)$ heraus. Dann wählt man in der Gruppe $A_1 = A | Z_1$ eine Restklasse $\bar{a}_2$ von möglichst hoher Ordnung, und zeigt, daß in dieser Restklasse ein Repräsentant a_2 auftritt, für den $(a_2) = Z_2$ zu Z_1 elementefremd ausfällt, so daß also A die Gruppe $((Z_1, Z_2))$ enthält usw.

Satz 15b. Sieht man isomorphe Gruppen als nicht verschieden an, so ist die Zerlegung von Satz 15a eindeutig bestimmt.

Zum Beweise vgl. den entsprechenden Eindeutigkeitsbeweis in der Theorie der gewöhnlichen e. A. G., etwa bei A. Speiser: Gruppen von endlicher Ordnung (Berlin bei Springer 1923) § 14 p. 30ff.

Aus Satz 15b folgt, daß die Ordnungen der zyklischen Summanden bei einer Zerlegung von A im Sinne von Satz 15a eindeutig bestimmt sind. Sie sollen als die „Polynominvarianten von A“ bezeichnet werden. Dann ergibt sich durch Zusammenfassung der Ergebnisse von Satz 14—15 das Hauptresultat:

Satz 16. Zwei E. T. G. sind dann und nur dann isomorph, wenn sie in ihren Polynominvarianten übereinstimmen. Es gibt stets E. T. G. mit vorgegebenen Polymoninvarianten.

Satz 17. Eine zyklische Gruppe Z, deren Ordnung die r-Potenz eines irreduzibeln Polynoms $g(x)$ darstellt, besitzt nur eine einzige, mit der vorderen und hinteren Loewyschen Kr. zusammenfallende Jordansche Kr., und zwar hat diese die Gestalt $Z = Z_1 ^\frown Z_2 ^\frown \ldots ^\frown Z_r$, wobei Z_i eine zyklische Gruppe der Ordnung $g(x)$ bedeutet.

Zum Beweise sei nur bemerkt, daß er unmittelbar aus der folgenden Tatsache abgeleitet werden kann: Die gegebene Gruppe $Z = (a)$ besitzt als einzige Untergruppen die Gruppen $Z^{(i)} = (g(x)^i \cdot a)$ $(i = 0, 1 \ldots r)$ von den bzw. Ordnungen $g(x)^{r-i}$.

Aus Satz 15 und 17 schließt man:

Eine zyklische Gruppe ist dann und nur dann irreduzibel, wenn ihre Ordnung ein irreduzibles Polynom ist.

Eine zyklische Gruppe ist dann und nur dann zerlegbar, wenn ihre Ordnung als Produkt teilerfremder Faktoren darstellbar ist. Die in Satz 15 aufgefundene direkte Summenzerlegung kann daher auch als „Zerlegung von A in unzerlegbare zyklische Summanden" bezeichnet werden.

Satz 18. Eine E. T. G. ist durch die Glieder ihrer vorderen oder hinteren LOEWYschen Kr. eindeutig bestimmt.

α) Aus den Sätzen 8, 15, 17 folgt, daß die Glieder R_i und $\overline{R}_i$ der vorderen und hinteren LOEWYschen Kr. jeweils isomorph sind, der Beweis braucht daher nur etwa für die vordere LOEWYsche Kr. geführt werden.

β) Das Zahlensystem $s_1 \geqq s_2 \geqq \ldots \geqq s_l \geqq 0$ heißt zum System $r_1 \geqq r_2 \geqq \ldots \geqq r_m \geqq 0$ assoziiert, wenn s_i die Anzahl derjenigen r_m angibt, die $\geqq i$ sind.[1])

Wie sofort nachzurechnen, ist der Begriff des Assoziiertseins wechselseitig, und von zwei assoziierten Systemen bestimmt eines das andere bis auf die unwesentlichen Glieder, die gleich 0 sind, eindeutig.

γ) Es sei $g(x)$ irgendein irreduzibles Polynom, und $r_1 \geqq r_2 \geqq \ldots r_m$ seien so gewählt, daß $g(x)^{r_i}$ $(i = 1, 2 \ldots n)$ gerade die durch $g(x)$ teilbaren Polynominvarianten von A sind. Bedeutet dann weiter s_i die Vielfachheit, mit der $g(x)$ unter den Polynominvarianten von R_i auftritt, so ist, wie mit Hilfe der Sätze 8, 15, 17 nachgerechnet werden kann, $s_1 \geqq s_2 \geqq \ldots s_l \geqq 0$, und es ist das System der s_i zu dem System der r_i assoziiert.

δ) Aus γ) und β) folgt, daß die Polynominvarianten der R_i die Polynominvarianten von A und mithin A selbst eindeutig bestimmen.

§ 8.

Elementarteilertheorie der Matrizen.

Die matrizentheoretische Anwendung der über E. T. G. gewonnenen Sätze führt zur Klassifikation derjenigen hyperkomplexen Matrizensysteme, die zum Polynombereich $\mathfrak{P}$ einer Variabeln x meroedrisch isomorph sind. Ordnet man jedem solchen System $\mathfrak{S}$ diejenige Matrix A zu, die bei dem zwischen $\mathfrak{S}$ und $\mathfrak{P}$ bestehenden Isomorphismus dem Elemente x entspricht, so wird jede Systemklasse umkehrbar eindeutig auf eine Klasse ähnlicher Matrizen abgebildet. Die Theorie dieser Matrizensysteme ist daher mit der Ähnlichkeitstheorie der Einzelmatrizen äquivalent, und die letztere soll hier entwickelt werden,

[1]) Der Begriff der assoziierten Zahlensysteme ist eingeführt von J. SCHUR in seiner Dissertation: Über eine Klasse von Matrizen, die sich einer gegebenen Matrix zuordnen lassen. Berlin 1901 p. 41.

weil man so die bekannten Sätze in der einfachsten Formulierung erhält. Man braucht dazu nach dem Dargelegten nur die folgende Festsetzung.

Der E. T. G. A, deren Operatorenbereich aus den Polynomen in Θ besteht, soll diejenige Einzelmatrizenklasse zugeordnet werden, die durch Anwendung von Θ auf die verschiedenen Basen von A entsteht.

Im Anschluß an Herrn LOEWY werde unter einer „Begleitmatrix"[1]) eine Matrix von der speziellen Gestalt $A^* = \begin{Vmatrix} 0\,1\,0 \ldots\ldots 0 \\ 0\,0\,1 \ldots\ldots 0 \\ \ldots\ldots\ldots\ldots \\ 0\,0\,0 \ldots\ldots 1 \\ a_n a_{n-1} \ldots a_1 \end{Vmatrix}$ verstanden, das Polynom $x^n - a_1 x^{n-1} - \ldots - a_n$ werde als die „charakteristische Funktion" von A^* bezeichnet. A^* ist ersichtlich durch seine charakteristische Funktion eindeutig bestimmt.

Satz 19. Eine Matrizenklasse, die eine Begleitmatrix enthält, entspricht einer zyklischen E. T. G. Umgekehrt tritt in der zu einer zyklischen Gruppe gehörigen Matrizenklasse stets als Normalform eine einzige Begleitmatrix auf, nämlich diejenige, deren charakteristische Funktion gleich der Ordnung der zugehörigen Gruppe ist.

Beweis mühelos aus der besonderen Gestalt der Begleitmatrizen sowie aus der bei Satz 14 gemachten Bemerkung.

Mit Hilfe der Definition der Komplexzerlegbarkeit sowie des Zusatzes zu Satz 17 schließt man weiter:

Eine Begleitmatrix ist dann und nur dann unzerlegbar, d. h. sie bestimmt eine unzerlegbare Klasse, wenn ihre charakteristische Funktion Potenz eines irreduzibeln Polynoms ist.

Satz 20. Jede Matrizenklasse enthält eine bis auf die Reihenfolge der A^*_i eindeutig bestimmte Normalform $\begin{Vmatrix} A^*_1 & & & \\ & A^*_2 & & \\ & & \ddots & \\ & & & A^*_m \end{Vmatrix}$, bei der die A^*_i diejenigen unzerlegbaren Begleitmatrizen bedeuten, deren charakteristische Funktionen die Ordnungen der unzerlegbaren zyklischen Summanden der zugehörigen E. T. G. liefern.

---

[1]) Sitz.-Ber. d. Heidelbergor Akademie 1918 5. Abhandlung p. 3; Math. Zeitschrift 7 (1920) p. 58. Herr LOEWY bezeichnet dort $-A^*$ als Begleitmatrix.

Beweis klar nach Satz 15, 16, 19. Man kann die in der Normalform von Satz 20 auftretenden A^*_i als die „unzerlegbaren Begleitmatrizen der Klasse" bezeichnen, und hat dann das Ähnlichkeitskriterium:

Zwei Klassen sind dann und nur dann identisch, wenn sie in ihren unzerlegbaren Begleitmatrizen übereinstimmen.

Um weitere Matrizennormalformen zu gewinnen, kann man wieder die Theorie der E. T. G. benutzen. Es läßt sich z. B. zu jeder E. T. G. eine im wesentlichen eindeutig bestimmte Zerlegung $A = ((Z_1, Z_2, \ldots Z_k))$ finden, bei der die Z_i zwar im allgemeinen nicht unzerlegbar, aber durch möglichst großen Rang ausgezeichnet sind. Dieser Darstellung von A entspricht eine Matrizennormalform $\begin{Vmatrix} B^*_1 & & \\ & B^*_2 & \\ & & \ddots & \\ & & & B^*_r \end{Vmatrix}$ bei der die B^*_i die größten aufeinander folgenden Begleitmatrizen der Klasse genannt werden.[1])

Ferner können die unzerlegbaren Begleitmatrizen durch eine andere Normalform ersetzt werden, die der in Satz 17 charakterisierten JORDANschen Kr. der zugehörigen zyklischen Gruppe entspricht, und im Falle eines algebraisch abgeschlossenen Grundkörpers $\mathfrak{K}$ zur sogenannten JORDANschen Normalform führt.[2]) Wir begnügen uns hier mit dem Hinweis auf diese Fragestellungen, und heben nur den aus Satz 18 folgenden Matrizensatz hervor:

Satz 21. Zwei Matrizen sind dann und nur dann ähnlich, wenn sie in ihren größten aufeinanderfolgenden vorderen oder hinteren v. red. Bestandteilen übereinstimmen.[3])

---

[1]) Zur ausführlichen Definition der größten aufeinander folgenden Begleitmatrizen vgl. meine autographierte Dissertation: Über Begleitmatrizen und Elementarteilertheorie (Freiburg 1922, in Zukunft kurz mit *D.* zitiert) § 1.

[2]) Die angegebenen Normalformen sind mit den Hilfsmitteln der Matrizenrechnung ausführlich untersucht in *D.* § 2.

[3]) Zur Definition der größten aufeinanderfolgenden vorderen und hinteren v. red. Bestandteile eines Matrizenkomplexes vgl. *L. I.* § 6 p. 29 sowie *L. II.* § 1 p. 344. Vgl. ferner: JOSEPH WIRTH, Über die Elementarteiler einer linearen homogenen Substitution (Inauguraldissertation, Freiburg 1906). Dort ist (unter Benutzung der Ausdrucksweise der Theorie der Matrizen bzw. der der linearen homogenen Substitutionen) der Zusammenhang behandelt, der zwischen den Polynominvarianten einer Gruppe und den Polynominvarianten der Glieder ihrer vorderen und hinteren LOEWYschen Kr. besteht, also der Zusammenhang, den wir beim Beweise von Satz 18 unter γ) darlegten. Die WIRTHsche Dissertation enthält m. E. insofern eine Beweislücke, als auf p. 9 nicht absolut scharf

Um die Polynominvarianten matrizentheoretisch zu deuten, haben wir den Begriff des zusammengesetzten, sowie den des Einzelelementarteilers einzuführen. Es sei A eine beliebige, E die Einheitsmatrix, $d_i(x)$ bedeute den (normierten) größten gemeinschaftlichen Teiler aller Unterdeterminanten $i^{\underline{ten}}$ Grades von $x \cdot E - A$, $d_0(x)$ möge gleich 1 gesetzt werden. Dann wird das Polynom $e_i(x) = d_i(x) : d_{i-1}(x)$ als $i^{\underline{ter}}$ zusammengesetzter Elementarteiler von A bezeichnet; die Einzelelementarteiler (oder kurz E. T.) erhält man, indem man die $e_i(x)$ in solche teilerfremde, normierte Faktoren zerlegt, die Potenzen irreduzibler Polynome darstellen.

Aus einfachen Determinantensätzen ergibt sich in üblicher Weise, daß ähnliche Matrizen gleiche E. T. besitzen, und durch Nachrechnen an der in Satz 20 angegebenen Normalform erkennt man die Richtigkeit des „Fundamentalsatzes der E. T. Theorie“:

Satz 22. Die E. T. einer Klasse ähnlicher Matrizen sind gleich den Polynominvarianten der zugehörigen Gruppe. Zwei Matrizen sind dann und nur dann ähnlich, wenn sie in ihren E. T. übereinstimmen. Es gibt stets Matrizen mit vorgeschriebenen E. T.

Für den höchsten zusammengesetzten E. T. findet man folgende Deutung:

Satz 23. Der höchste zusammengesetzte E. T. der Matrix A, $e_n(x)$, ist gleich der Ordnung der zugehörigen E. T. G.-$e_n(x)$ kann mithin definiert werden als Polynom niedrigsten Grades, für das die Matrizengleichung $e_n(A) = 0$ gilt.

Der erste Teil von Satz 23 ergibt sich durch Nachrechnen an der Normalform auf Grund der Überlegung, daß die Ordnung von $A = ((Z_1, Z_2, \ldots Z_m))$ gleich dem kleinsten gemeinschaftlichen Vielfachen der Ordnungen der Z_i ist. Um den letzten Teil der Behauptung einzusehen, bezeichne man mit (a) diejenige Basis von A, für die $(\Theta \cdot a) = A \cdot (a)$ ist. Dann erkennt man ohne weiteres, daß die Matrizengleichung $f(A) = 0$ äquivalent ist mit dem Gleichungssystem $(f(\Theta) \cdot a) = (0)$, d. h. $f(\Theta) \cdot a = 0$ für beliebiges a aus A.

---

gezeigt ist, daß bei der von ihm benutzten Normalform wirklich die größten aufeinanderfolgenden vorderen v. red. Bestandteile hervorgehoben sind. In *D.* § 4 hatte ich diese Lücke durch eine Rechnung überbrückt, an deren Stelle bei der vorliegenden gruppentheoretischen Behandlung die Benutzung von Satz 8 tritt.

§ 9.

Weitere Sätze über E. T. G. und Matrizen.

Es sei wie oben A eine E. T. G., deren Operatorenbereich durch die Polynome in Θ gebildet wird. Dann bezeichnen wir mit $f(\Theta) \cdot A$ diejenige Untergruppe, die aus der Gesamtheit aller Elemente von der Form $f(\Theta) \cdot a$ besteht. Ist $A = ((Z_1, Z_2, \ldots Z_m))$ so ist ersichtlich $f(\Theta) \cdot A = ((f(\Theta) \cdot Z_1, f(\Theta) \cdot Z_2, \ldots f(\Theta) \cdot Z_m))$. Bedeutet $g(x)$ ein irreduzibles Polynom vom Grade s, das in $f(x)$ genau in der t^{ten} Potenz aufgeht, und stellt Z die zyklische Gruppe der Ordnung $g(x)^r$ dar, so besitzt ersichtlich $f(\Theta) \cdot Z$ die Ordnung $g(x)^{max\,(o,\, r-t)}$ und den Rang $s \cdot max\,(0, r-t)$. Für den Rang der Gruppe $f(\Theta) \cdot A$ ergibt sich daraus allgemein:

Satz 24. Es sei A eine E. T. G. mit den Polynominvarianten $g_1(x)^{r_1}, g_2(x)^{r_2}, \ldots g_m(x)^{r_m}$, wobei $g_i(x)$ ein irreduzibles Polynom vom Grade s_i bedeutet, und es sei $f(x)$ durch $g_i(x)$ genau in der t_i^{ten} Potenz teilbar. Dann ist die Ordnung von $f(\Theta) \cdot A$ gleich dem kleinsten gemeinschaftlichen Vielfachen der Polynome $g_i(x)^{max\,(o,\, r_i-t_i)}$, während der Rang durch $\Sigma s_i \cdot max\,(0, r_i-t_i)$ gegeben ist.

Mit Hilfe von Satz 23 kann man die Polynominvarianten von A berechnen, wenn die Rangzahlen von $f(\Theta) \cdot A$ für beliebiges $f(\Theta)$ bekannt sind.[1]) Man hat daher:

Satz 25. Zwei E. T. G. A_1 und A_2 sind dann und nur dann isomorph, wenn $f(\Theta) \cdot A_1$ und $f(\Theta) \cdot A_2$ stets gleichen Rang besitzen.

Zwei Matrizen A_1 und A_2 sind dann und nur dann ähnlich, wenn der Rang von $f(A_1)$ stets gleich dem von $f(A_2)$ ist.

Was die matrizentheoretische Fassung des Satzes angeht, so sei A eine beliebige Matrix, (a) die zu A gehörige Basis der durch A be-

[1]) Zur Durchführung dieser Rechnung, bei der die assoziierten Zahlensysteme auftreten, vgl. Hensel: „Theorie der Körper von Matrizen; J. f. Math. 127 (1904) p. 116—166; Frobenius: „Über den Rang einer Matrix. Sitz.-Ber. d. Berliner Akad. d. Wissenschaften 1911 p. 20—29; *D.* § 5. Bei Hensel und Frobenius dient die Untersuchung des Ranges der Matrix $f(A)$ (übrigens unter der Voraussetzung, daß der Koeffizientenkörper algebraisch abgeschlossen ist), als Ausgangspunkt für die Entwicklung der E. T. Theorie. In *D.* wird (bei beliebigem Koeffizientenkörper R) im wesentlichen derselbe Beweisgang wie hier eingehalten. Nur treten an Stelle der gruppentheoretischen Überlegungen mitunter umständliche Matrizenrechnungen.

stimmten Gruppe A. Dann ist $(f(\Theta)\cdot a)=f(\mathrm{A})\cdot(a)$ eine Basis von $f(\Theta)\cdot A$, und daraus folgt, daß der Rang von $f(\Theta)\cdot A$ gleich dem von $f(\mathrm{A})$ ist.

Es seien noch einige weitere Sätze über Untergruppen von E. T. G. samt ihren matrizentheoretischen Anwendungen angeführt.

Satz 26. Ist $B\,(\bar{B})$ eine Untergruppe (Restklassengruppe) von A, so ist die Polynominvariantenanzahl von $B\,(\bar{B})$ höchstens gleich der entsprechenden von A, und es gibt zu jeder Polynominvariante $f(x)$ von $B\,(\bar{B})$ eine durch $f(x)$ teilbare Polynominvariante von A.

Ist $A=\left\|\begin{smallmatrix}A_1 & O\\ B & A_2\end{smallmatrix}\right\|$, so ist die Elementarteileranzahl von $A_1\,(A_2)$ höchstens gleich der entsprechenden von A und zu jedem E. T. $e(x)$ von $A_1\,(A_2)$ gibt es einen durch $e(x)$ teilbaren E. T. von A.

Es sei R_a, R_b $(\bar{R}_a, \bar{R}_b)$ die erste LOEWYsche Untergruppe (Restklassengruppe) von A bzw. B. Dann ist, wie aus den Sätzen 8 und 17 folgt, die Anzahl der unzerlegbaren Summanden von A bzw. B gleich der Anzahl der irreduzibeln Summanden von R_a bzw. R_b ($\bar{R}_a$, bzw. $\bar{R}_b$). Nun besitzt aber $R_b\,(\bar{R}_b)$ sicher nicht mehr irreduzible Komponenten als $R_a\,(\bar{R}_a)$, weil ja $R_b\,(\bar{R}_b)$ eine Untergruppe (Restklassengruppe) der v. red. Gruppe $R_a\,(\bar{R}_a)$ darstellt. Die zweite Behauptung von Satz 26 folgt aus der Tatsache, daß einerseits die Ordnung einer Gruppe gleich dem kleinsten gemeinschaftlichen Vielfachen der Polynominvarianten, andrerseits die Ordnung einer Untergruppe Teiler der Ordnung der Obergruppe ist. Die Übersetzung der Resultate in die Matrizentheorie ergibt sich aus dem am Schlusse von § 6 dargelegten Zusammenhang.

Zum Beweis eines weiteren Untergruppensatzes braucht man folgenden Hilfssatz:

Ist V eine v. red. Untergruppe von A, so kann man für A eine derartige Zerlegung $A=((Z_1, Z_2 \ldots Z_m))$ in unzerlegbare Summanden finden, daß $\mathrm{V}=((Z_1^{(1)}, Z_2^{(1)} \ldots Z_k^{(1)}))$ $(k\leq m)$ wird, falls $Z_i^{(1)}$ die irreduzible Untergruppe von Z_i bedeutet $(i=1,2\ldots m)$.

Es sei $P=(a^{(1)})$ eine irreduzible Untergruppe von V, $A=((Z_1', Z_2', \ldots Z_m'))$. Dann kann man die Numerierung der Z_i' so wählen, daß $a^{(1)}=a_1^{(1)\prime}+a_2^{(1)\prime}+\ldots a_l^{(1)\prime}$ wird, falls $a_i^{(1)\prime}$ eine passende Basis der irreduziblen Untergruppe $Z_i^{(1)\prime}$ von Z_i' darstellt, und daß außerdem die Ordnung von Z_1' nicht größer ist als die Ordnungen von $Z_2', Z_3' \ldots Z_l'$. Unter diesen Umständen besitzt die Ordnung von

Z_i' $(i = 1, 2 \dots l)$ die Gestalt $g(x)^{r_i}$ wobei $g(x)$ ein festes irreduzibles Polynom bedeutet und $r_2 \geqq r_1, r_3 \geqq r_1, \dots r_l \geqq r_1$ ist; man kann daher ein erzeugendes Element a_i' aus Z_i' so wählen, daß $g(\Theta)^{r_i - r_1} \cdot a_i' = a_i^{(1)'}$ wird. Setzt man dann $a_1 = a_1' + g(\Theta)^{r_2 - r_1} \cdot a_2' + \dots g(\Theta)^{r_l - r_1} \cdot a_l'$, so ist $Z_1 = (a_1)$ eine unzerlegbare zyklische Gruppe mit der irreduzibeln Untergruppe P, und es gilt die Gleichung $A = ((Z_1, Z_2', \dots Z_m'))$.

Als v. red. Gruppe ist weiterhin V eine Untergruppe der ersten Loewyschen Untergruppe von A, d. h. von $((P, Z_2^{(1)'} \dots Z_m^{(1)'}))$, und daraus folgt die Zerlegung $V = ((P, [V, ((Z_2', \dots Z_m'))]))$; indem man nun auf die v. red. Untergruppe $[V, ((Z_2', \dots Z_m'))]$ von $((Z_2', \dots Z_m'))$ dieselbe Schlußweise anwendet wie oben auf V, gelangt man schrittweise zum Beweise des Hilfssatzes.

Überlegt man sich auf Grund des Hilfssatzes, welche Möglichkeiten für die Polynominvarianten von A/V vorliegen, falls V eine v. red. Untergruppe von A ist, und die Polynominvarianten von A und V bekannt sind, so erkennt man die Richtigkeit folgender Behauptung:

Satz 27. Kommt das irreduzible Polynom $g(x)$ unter den Invarianten der v. red. Gruppe V genau t-mal vor, und sind $g(x)^{r_1}, g(x)^{r_2}, \dots g(x)^{r_s}$ die durch $g(x)$ teilbaren Polynominvarianten von A/V, so gehören zu A $s+n$ durch $g(x)$ teilbare Polynominvarianten $(0 \leqq n \leqq t)$, nämlich n mal das Polynom $g(x)$, und außerdem $g(x)^{r_1'}, g(x)^{r_2'} \dots g(x)^{r_s'}$, wobei r_i' genau $t-n$ mal gleich $r_i + 1$ und $s+n-t$ mal gleich r_i.

Es sei $A = \begin{Vmatrix} A_1 & O \\ B & A_2 \end{Vmatrix}$, und es besitze die Matrix A_1 als E. T. lauter irreduzible Polynome, darunter t mal das Polynom $g(x)$, während die durch $g(x)$ teilbaren E. T. von A_2 durch $g(x)^{r_1}, g(x)^{r_2} \dots g(x)^{r_s}$ gegeben sind. Dann gehören zur Matrix A insgesamt $s+n$ durch $g(x)$ teilbare E. T., nämlich n mal das Polynom $g(x)$ und außerdem $g(x)^{r_1'}, g(x)^{r_2'}, \dots g(x)^{r_s'}$, wobei r_i' genau $t-n$ mal gleich $r_i + 1$ und $s+n-t$ mal gleich r_i.[1])

Die Sätze 24—27 ergeben sich sämtlich bei Spezialuntersuchungen zu dem allgemeinen Problem, einen Überblick über sämtliche Unter-

[1]) Ein Spezialfall dieses Satzes ist von wesentlicher Bedeutung für die Arbeit: Stenzel: „Über die Darstellbarkeit einer Matrix usw." Math. Zeitschrift 16 (1923) p. 1—25. Der dort gegebene rechnerische Beweis ist etwas umständlich. Kürzer, aber gleichfalls nicht so einfach wie bei Benutzung der Gruppentheorie, kann der Satz auf Grund gewisser Untersuchungen von $D.$, die dort dem Beweise des Theorems über die größten aufeinanderfolgenden v. red. Bestandteile einer Matrix dienen, hergeleitet werden.

und Restklassengruppen einer gegebenen *E. T. G.* zu gewinnen. Es soll hier nicht näher auf die allgemeinste Fragestellung eingegangen werden, es sei nur darauf hingewiesen, daß man bei ihrer Behandlung sich zweckmäßig nach dem Beweisgang bei den entsprechenden Untersuchungen über gewöhnliche e. A. G. richtet, wobei die Heranziehung der Theorie der v. red. G., sowie der Loewyschen Kr. vorteilhaft sein kann. Zum Schluß sei noch kurz ein anderer Zusammenhang zwischen E. T. G. und Matrizentheorie hervorgehoben.

Satz 28. Das Problem der Bestimmung aller Matrizen Π, für die $A = \Pi^{-1} A \Pi$, ist identisch mit der Ermittlung aller isomorphen Abbildungen der zugehörigen Gruppe aus sich selbst. Sucht man allgemein alle Matrizen Π, für die $\Pi A = A \Pi$, so kommt das auf die Bestimmung aller holoedrisch oder meroedrisch isomorphen Abbildungen von A auf eine echte oder unechte Untergruppe heraus.

Die Richtigkeit der Behauptung ergibt sich unmittelbar aus den Überlegungen, die zum Beweise von Satz 12 führten. Das aufgeworfene Problem soll nicht näher untersucht werden; denn einerseits liegt über die Bestimmung aller Matrizen Π, für die $\Pi A = A \Pi$, eine außerordentlich umfangreiche Literatur vor und andererseits gibt auch hier wieder die Behandlung entsprechender Fragen bei den gewöhnlichen e. A. G. für das gruppentheoretische Vorgehen ein geeignetes Vorbild ab.

Im Verlag von Walter de Gruyter & Co. vormals G. J. Göschen'sche Verlagshandlung — J. Guttentag, Verlagsbuchhandlung — Georg Reimer — Karl J. Trübner — Veit & Comp., Berlin erschienen:

Abteilung A. Mathematisch - physikalische Wissenschaften.

Jahrgang 1922.

1. PERRON, OSKAR. Neue Summationsmethoden und Entwicklungen nach Polynomen. Reichsmark 0·30
2. PERRON, OSKAR. Über transzendente Funktionen auf RIEMANNschen Flächen Reichsmark 0·60
3. BALDUS, RICHARD. Über die singulären Punkte reeller Parameterkurven. Reichsmark 0·50

Jahrgang 1923.

1. DEECKE, W. Mitteleuropäische Meeresströmungen der Vorzeit. Reichsmark 0·60
2. LIEBMANN, HEINRICH. Die LIE'sche Cyklide und die Inversionskrümmung. Reichsmark 0·40
3. PERRON, OSKAR. Über Gleichungen ohne Affekt. Reichsmark 0·40
4. LIEBMANN, HEINRICH. Beiträge zur Inversionsgeometrie III. Reichsmark 0·40
5. KRATZERT, J. Beitrag zur Kenntnis des Andesins von Bodenmais Reichsmark 0·50

Jahrgang 1924.

1. TH. CURTIUS und A. BERTHO. Einwirkung von Stickstoffkohlenoxyd und von Stickwasserstoffsäure unter Druck auf aromatische Kohlenwasserstoffe. Reichsmark 0·50
2. LIEBMANN, HEINRICH. Umkehrung des Variationsproblems der ebenen Affingeometrie. Reichsmark 0·60
3. SALOMON, WILHELM. Die Intensitäten alluvialer und diluvialer geologischer Vorgänge und ihre Einwirkung auf die pliocäne Rumpffläche des Kraichgaues und Odenwaldes. Reichsmark 1·20
4. HEFFTER, L. Zur absoluten Geometrie. Reichsmark 0·60
5. VAN WERVEKE, L. Über die Entstehung der lothringischen Lehme und des mittelrheinischen Lößes. Reichsmark 1·50
6. KRULL, WOLFGANG. Die verschiedenen Arten der Hauptidealringe. Reichsmark 0·50
7. ROESER, ERNST. Übergang von der nichteuklidischen Streckentrigonometrie zur Winkelmessung. Reichsmark 0·30
8. WELLSTEIN, JULIUS. Zur Differentialgeometrie der isotropen Kurven. Reichsmark 1·50
9. EWALD, RUDOLF. Die geodynamischen Erscheinungen des krystallinen Odenwaldes als Beispiel einer geoisostatischen Ausgleichsschwingung. Reichsmark 1·50
10. VOELCKER, ILSE. Über eine ganz junge Verwerfung bei Rauenberg im Kraichgau. Reichsmark 0·30
11. LIEBMANN, HEINRICH. Die Aufschließung von Differentialinvarianten Reichsmark 0·50

Abteilung B. Biologische Wissenschaften.

Jahrgang 1923.

1. KOSSEL, A. und R. E. GROSS. Über die Darstellung und quantitative Bestimmung des Arginins. Reichsmark 0·30

Von Jahrgang 1925 ab findet die Trennung in Abteilung A und B nicht mehr statt.

Jahrgang 1925.

1. HEFFTER, LOTHAR. Zur absoluten Geometrie II. Reichsmark 0·50
2. ROESER, ERNST. Die komplementären Figuren der nichteuklidischen Ebene. Reichsmark 0·50
3. FLADT, KUNO. Neuer Beweis für die Zuordnung von rechtwinkligem Dreieck und Spitzeck in der hyperbolischen Elementargeometrie. Reichsmark 0·30
4. SALOMON, WILHELM. Beobachtungen über Harnische. Reichsmark 0·70
5. LOEWY, A. Beiträge zur Algebra. 1—4. Reichsmark 1·—
6. HELLPACH, WILLY. 2. Mitteilung zur Physiognomik der deutschen Volksstämme. Reichsmark 0·30
7. LOEWY, ALFRED. Neue elementare Begründung und Erweiterung der Galoisschen Theorie. Reichsmark 2·—
8. CURTIUS, THEODOR und BERTHO, ALFRED. Einwirkung von Stickstoffkohlenoxyd und von Stickstoffwasserstoffsäure unter Druck auf aromatische Kohlenwasserstoffe. Reichsmark 0·40
9. ROESER, ERNST. Die gnomonische Projektion in der hyperbolischen Geometrie. Reichsmark 0·70
10. RASCH, G. Uber die Ausnützung der Gezeiten des Meeres zur Energiegewinnung. Reichsmark 0·80
11. SALOMON, WILHELM. Magmatische Hebungen. Reichsmark 1·20
12. PÜTTER, A. Altersbestimmungen an Drachenbäumen von Tenerife. Reichsmark 0·90
13. VOLK, OTTO. Über geodätische rhombische Kurvennetze auf krummen Flächen, insbesondere auf Flächen konstanter Krümmung. Reichsmark 1·10
14. ROESER, ERNST. Die Fundamentalkonstruktion der hyperbolischen Geometrie. Reichsmark 1·40
15. RÜGER, L. und RÜGER-HAAS, P. Palaeosemaeostoma geryonides v. Huene sp., eine sessile Meduse aus dem Dogger von Wehingen in Württemberg und Medusina liasica nov. sp., eine Coronatenähnliche Meduse aus dem mittleren Lias von Hechingen in Württemberg. Reichsmark 1·50

Jahrgang 1926.

1. WOLFGANF KRULL. Theorie und Anwendung der verallgemeinerten Abelschen Gruppen. Reichsmark 1·70.

Abhandlungen der Heidelberger Akademie der Wissenschaften

Mathematisch-naturwissenschaftliche Klasse

Abteilung A

12. MOHR, ERNST. Über den Zusammenhang zwischen der Struktur und den morphologischen Merkmalen des Diamanten. 1924. Reichsmark 3·50

Druck: Hermann Böhlaus Nachfolger Hof-Buchdruckerei G. m. b. H. Weimar.

Zeitfracht Medien GmbH
Ferdinand-Jühlke-Straße 7
99095 Erfurt, Deutschland
produktsicherheit@kolibri360.de